21世纪交通版高等学校教材
机 场 工 程 系 列 教 材

机场道面测试技术

翁兴中　编著

人民交通出版社股份有限公司
China Communications Press Co.,Ltd.

内 容 提 要

本书是机场工程系列教材之一，主要介绍机场道面的测试方法和技术。内容包括：绪论，道面结构的电阻应变测量技术，道面非破损测试技术，道面摩擦和纹理的测试技术，道面平整度测试技术以及温度测量技术等。

本书可作为机场工程专业本科生教材，也可作为公路工程、城市道路工程等相关专业的选修教材，并可供机场工程专业研究、设计、施工和管理人员参考使用。

图书在版编目(CIP)数据

机场道面测试技术 / 翁兴中编著. — 北京 : 人民交通出版社股份有限公司, 2017.8

21世纪交通版高等学校教材. 机场工程系列教材

ISBN 978-7-114-13565-1

Ⅰ. ①机… Ⅱ. ①翁… Ⅲ. ①飞机跑道—路面施工—测试技术—高等学校—教材 Ⅳ. ①V351.11

中国版本图书馆CIP数据核字(2017)第000795号

21世纪交通版高等学校教材

机 场 工 程 系 列 教 材

书　　名： 机场道面测试技术

著 作 者： 翁兴中

责任编辑： 李　喆

出版发行： 人民交通出版社股份有限公司

地　　址： (100011)北京市朝阳区安定门外外馆斜街3号

网　　址： http://www.ccpress.com.cn

销售电话： (010)59757973

总 经 销： 人民交通出版社股份有限公司发行部

经　　销： 各地新华书店

印　　刷： 北京盈盛恒通印刷有限公司

开　　本： 787×1092　1/16

印　　张： 7.75

字　　数： 169千

版　　次： 2017年8月　第1版

印　　次： 2017年8月　第1次印刷

书　　号： ISBN 978-7-114-13565-1

定　　价： 30.00元

出 版 说 明

随着近些年来我国经济的快速发展和全球经济一体化趋势的进一步加强,科技对经济增长的作用日益显著,教育在科技兴国战略和国家经济与社会发展中占有重要地位。特别是民航强国战略的提出和“十二五”综合交通运输体系发展规划的编制,使航空运输在未来交通运输领域的地位和作用愈加显著。机场工程作为航空运输体系中重要的基础设施之一,发挥着至关重要的作用。据不完全统计,我国“十二五”期间规划的民用改扩建机场达110余座,迁建和新建机场达80余座,开展规划和前期研究建设机场数十座,通用航空也迎来大发展的机遇,我国机场工程建设到了一个新的发展阶段。

国内最早的机场工程本科专业于1953年始建于解放军军事工程学院,设置的主要专业课程有:机场总体设计、机场道面设计、机场地势设计、机场排水设计和机场施工。随着近年机场工程的发展,开设机场工程专业方向的高校数量不断增多,但是在机场工程专业人才培养过程中也出现了一些问题和不足。首先,专业人才数量不能满足社会需求。机场工程专业人才培养主要集中在少数院校,实际人才数量不能满足机场工程建设的需求。其次,专业设置不完备,人才培养质量有待提高。目前很多院校在土木工程专业和交通工程专业下设置了机场工程专业方向,限于专业设置时间短、师资力量不足、培养计划不完善、缺乏航空专业背景支撑等各种原因,培养人才的专业素质难以达到要求。此外,我国目前机场工程专业教材总体数量少、体系不完善、教材更新速度慢等因素,也在一定程度上阻碍了机场工程专业的发展。为了更好地服务国家机场建设、推动机场工程专业在国内的发展,总结机场工程教学的经验,编写一套体系完善,质量水平高的机场工程教材就显得很有必要。

教材建设是教学的重要环节之一,全面做好教材建设工作是提高教学质量的重要保证。我国机场工程教材最初使用俄文原版教材,经过几年的教学实践,结合我国实际情况,以俄文原版教材为基础,编写了我国第一版机场工程教材。这批教材是国内机场工程专业教材的基础,期间经历了内部印刷使用、零星编写出版、核心课程集中编写出版等阶段。在历次机场工程教材编写工作的基础上,空军工程大学精心组织,选择了理论基础扎实、工程实践经验丰富、研究成果丰硕的专家组成编写组,保证了教材编写的质量。编写者经过认真规划,拟定编写提纲、遴选编写内容、确定了编写纲目,形成了较为完整的机场工程教材体系。本套教材共计14本,涵盖了机场工程的勘察、规划、设计、施工、管理等内容,覆盖了机场工程专业的全部专业课程。在编写过程中突出了内容的规范性和教材的特点,注意吸收了新技术和新规范的内容,不仅对在校学生,同时对于工程技术人员也具有很好的参考价值。

本套教材编写周期近三年,出版时适逢我国机场工程建设大发展的黄金期,希望该套教材的出版能为我国机场工程专业的人才培养、技术发展有一些推动,为我国航空运输事业的发展做出贡献。

编写组

2014年于西安

前　言

“机场道面测试技术”是高等学校机场工程专业的必修课，也是公路工程、城市道路工程专业的选修课。

改革开放以来，我国的航空事业得到迅猛发展，促进了机场工程领域的飞速进步，逐步形成了具有我国特色的机场工程理论、方法和技术。为了适应我国机场工程建设和管理的需要，完善我国机场工程专业的教材体系，根据作者在机场工程专业的多年教学经验，结合国内外在机场道面测试方面取得的新技术，借鉴公路工程等相关专业的有关成果，首次编写了本书。

全书共六章，主要介绍机场道面结构参数和表面特性方面的测试技术，以及道面结构和材料的应变测试技术。内容体现了机场道面自身特点，强调了理论与实践结合。在教学过程中除了课堂教学外，还应进行与教学内容相配套的有关实验课，通过实验课加深理解道面测试技术的理论和方法，充分掌握道面测试技术。

全书由翁兴中编著。本书可作为机场工程专业本科生教材，也可作为公路工程、城市道路工程等相关专业的选修教材，并可供机场工程专业研究、设计、施工和管理人员参考使用。

鉴于编著者的水平有限，错漏之处在所难免，恳请读者批评指正。

编著者

2017 年 5 月

目　　录

第一章　绪　　论

机场道面的作用是保证飞机在地面的各种运动，包括飞机的起飞、着陆、滑行和停放等。为了保证飞机在地面安全运行，道面结构除满足飞机使用要求外，道面表面性能还需要符合飞机的使用要求。同时，道面长期裸露在自然环境中，环境中的各种因素会对道面产生影响，使道面的性能发生变化。具体表现在道面的各种参数发生改变，导致道面结构性能的衰减，最后无法保证飞机安全、正常使用。因此，需要对道面参数进行测试，获取道面结构的参数值，对道面性能进行评定，确定道面结构的性能，作出对满足道面的使用要求的处理意见。

第一节　道面测试的目的和意义

道面结构是由土基、基层（包括垫层）、面层等多层结构组成的复合体，且各种材料大部分取自当地材料，易受自然环境的影响，其表征材料特性的参数易发生变化，直接影响道面结构的使用性能。准确、快速、及时地掌握道面结构的各种参数，是进行道面设计、施工和管理的前提和依据。因此，道面测试在道面结构设计、施工和管理中具有重要作用。

道面测试按其用途，可分为研究型测试和工程型测试。

研究型测试主要是在道面结构研究中，测定道面结构中的位移、应变和应力等随着飞机荷载和环境条件（主要是温度）作用发生变化的变量，为道面结构设计理论和方法的建立提供理论依据，为新型道面的研究和应用提供试验测试手段。

工程型测试主要是对现有的道面结构进行测试，获取道面各层结构的参数和表面性能数据，运用有关理论分析方法，得到道面结构使用性能和技术参数，为道面的使用管理提供科学决策的依据。同时，为现有道面的维修、翻修方案提供依据，并为设计提供参数取值，使道面设计获得最佳方案。

此外，施工过程中各种试验和检测技术主要是保证道面结构施工过程中质量达到设计和规范的要求。通过试验和检测能充分利用当地材料，迅速推广应用新材料、新技术和新工艺；能用定量的方法科学评定各种材料和构件的质量；能合理地控制和科学地评定质量。因此，施工中的试验和检测工作对提高工程质量、加快工程进度、降低工程造价、推动施工技术进步具有重要意义。

因施工过程中的试验和检测方法已在机场工程或相近工程的规范中进行了详细的说明和规定，因此，本书主要介绍其他两类测试原理和方法。

第二节　道面测试的内容

机场道面按其力学特性可分为刚性道面和柔性道面，刚性道面主要是水泥混凝土道面；柔性道面主要是沥青类道面和各类土质道面等。此外，目前还被广泛使用的一种道面是在原水泥混凝土道面上加铺沥青面层，形成下刚上柔的道面结构形式，一般称为复合道面。

由于各类道面结构的力学特性不同，其表征力学特性的参数也不尽相同，如水泥混凝土道面的土基强度参数的表示方法目前广泛采用土基回弹模量和反应模量；沥青混凝土道面结构中的土基强度可用土基回弹模量和加州承载比(CBR)来表示。因此，力学参数的不同决定其测试方法的不同。

目前，机场道面主要由水泥混凝土道面和沥青混凝土道面组成。此外，还包括水上机场、装配式道面机场和土质道面机场。

机场水泥混凝土道面结构主要由面层、基层(垫层)和土基组成(图1-1)。沥青道面由面层(上面层、中面层和下面层)、基层(上基层、下基层)、底基层(上底基层、下底基层)和土基等组成。水泥混凝土道面由水泥混凝土板、基层(或者有底基层)和土基等组成。由于水泥混凝土面层是由一块一块道面板组成的，板与板之间的接缝传荷能力直接影响道面的结构性能。

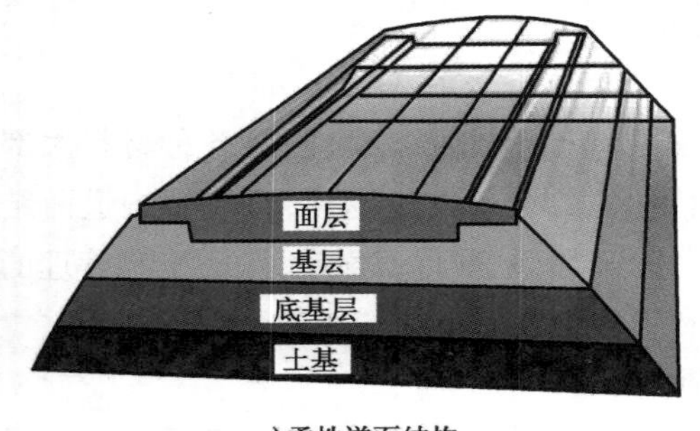

a)柔性道面结构

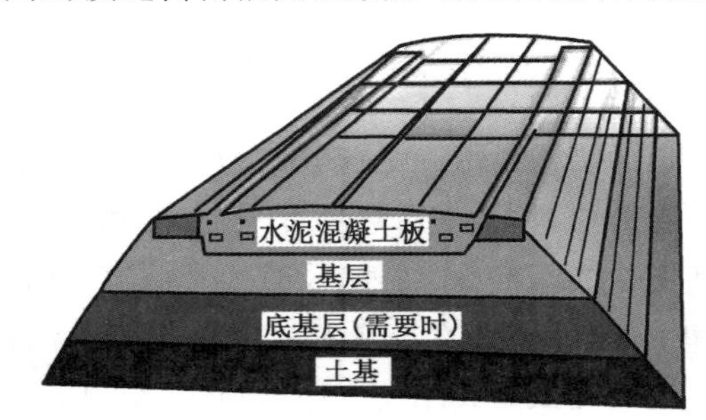

b)刚性道面结构

图1-1　道面结构图

一、道面测试的内容

道面测试的内容主要包括现有道面结构的参数的测试。道面结构的参数主要有土基强度或模量，垫层强度、模量和厚度，基层强度、模量和厚度，面层强度、模量和厚度以及道面结构中各层的接触状况(或支承状况)。此外，还包括道面的表面功能特性，即道面表面的平整度、摩擦力(摩擦系数)等。

道面结构上作用的荷载特性和环境特性(主要是温度和湿度)，道面结构的变形特性和受力状况，也是道面测试的重要内容。这部分内容对道面结构设计理论和方法的建立具有重要意义。

二、道面测试的用途

现有道面测试的用途主要是：

(1)现有道面承载能力评定。

(2)提供原有道面结构层材料的性能,用于维修、盖被等。

(3)道面各部分相互比较,找出结构最好和最差地段。

(4)提供结构性能数据,补充机场管理的维护系统中的道面条件指数,如 PCI、道面破损指数等。

第三节　道面测试的方法

根据测试过程中道面结构损坏状况,可分为破损性试验(Destructive Testing)和非破损性试验(Nondestructive Testing)。

破损性试验是指在试验过程中需要对材料进行破损后才能得到所需试验结果。典型的试验方法是各类材料的强度试验,即需要对材料进行破坏后才能得到其有关参数值。另外,对一些隐蔽的结构层,如道面结构中的基层和土基,需要破除面层后进行有关试验得到基层连同土基顶面的综合模量。由于破损试验对道面结构和材料会产生破坏,对道面的正常使用产生影响,其测试的方法在道面结构试验中的使用范围越来越窄。

非破损性试验(NDT)是指在测试过程中不需要对道面结构和材料进行破坏,就可以得到所需的测试结果。由于非破损性试验(NDT)对道面结构和材料的性能不产生影响,被广泛应用在道面测试中,成为目前道面测试的主要手段,其最典型的测试方法是落锤式弯沉仪。它是通过落锤作用在道面后,测得不同位置产生的弯沉,经过理论分析后计算出道面各层的弹性模量。因此,非破损性试验(NDT)是道面测试技术的发展方向,在道面测试中实现了高效的目的。

道面测试按照荷载作用的方式,可分为静态加载方式和动态加载方式。静态加载方式是指施加在道面结构和材料上的荷载的稳定状态是不随时间发生变化的;动态加载方式是指施加在道面结构和材料上的荷载是随时间发生变化的,主要分为振动荷载和冲击荷载。

思考题与习题

1. 道面测试的目的是什么?

2. 破损性试验和非破损性试验有哪些区别?

第二章　道面结构的电阻应变测量技术

道面结构的电阻应变测量是以应变片为传感器件，用于测量应变、应力、弯矩、扭矩、收缩系数等众多物理量，具有如下优点：

(1)灵敏度高，测量误差小，性能稳定，价格较低。

(2)适应性强，可用于不同对象和不同条件下的测量。

(3)容易实现多点同步测量、远距离测量和遥测，并且与数据处理装置配合，容易实现测量过程和数据处理过程自动化。

因而，电阻应变测量技术在工程结构测试中仍占有相当的地位，其应用领域仍在不断扩展。

第一节　应变片的常温工作特性

一、应变片的工作情况

图 2-1 为贴在试件上的应变片纵剖面示意图(图中假定敏感栅为一根金属丝)。当试件受力变形时，由于试件 1、黏结剂 2、基底 3、黏结剂 4 都是面接触，故试件的变形能有效地传递。而在黏结剂 4 与金属丝 5 之间，虽然金属丝很细，但它的表面积较大，故变形仍能有效地传递。同时，敏感栅(金属丝 5)与试件表面间的距离很近，所以敏感栅的变形也基本上与试件变形一致。

当试件受力沿纵向变化时，该变形以剪切的形式依次传递到金属丝上。由于变形时应变片基底两端的位移最大，故剪应力最大；正中截面处位移为零，故剪应力符号相反。在使用应变片时，应选用性能良好的黏结剂，注意全部贴牢，特别是应变片的两端，因为两端剪应力所占比例最大。这样，试件的应变能有效地传递给应变片。

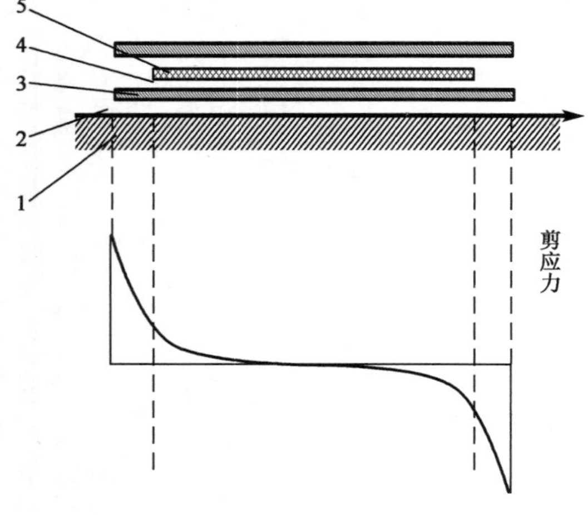

图 2-1　试件上应变片示意图
1-试件；2、4-黏结剂；3-基底；5-金属丝

二、应变片的灵敏系数

应变片的电阻变化与试件应变之间的关系式为：

$$\frac{\Delta R}{R}=K\varepsilon$$

式中引入了应变片灵敏系数 K。由于影响应变片 K 值的因素很复杂，故目前无法用理论方法推导得出，而只能用实测来确定。为了统一测定条件，应变片的灵敏系数规定为在沿应变片纵轴线方向的单向应力作用下，应变片的电阻变化率与试件表面上应变片粘贴区域内的轴向应变的比值$(\Delta R/R)/\varepsilon$。测定 K 值时，规定所用试件材料的泊松比 $\mu_0 = 0.285$。

测定应变片 K 值的装置，实际上就是一个加载后能产生已知应变的专用装置（多采用纯弯梁或等强度梁）。测定时，应变片贴在该装置上并予加载，应变片的电阻变化可用仪器测一次，无法逐只预先测定，所以对每批应变片采用抽样的方法来确定 K 值的平均值与标准差。K 值误差的大小是衡量应变片质量的重要标志。理论分析和试验表明，影响应变片 K 值大小和精度的主要因素是金属电阻丝材料的性能，应变片（特别是敏感元件）的几何形状及尺寸，黏结剂和基底材料的性能和厚度，应变片的制造、粘贴等工艺过程，以及被测试件的材料和测点的应力状态等。

三、应变片的横向效应及引起的误差

1. 应变片的横向效应

为使应变片达到一定的电阻值，制作敏感栅的金属电阻丝必须有足够的长度。但是为了测量试件上接近于一点的应变值，又要求应变片尽量短些。于是，常将金属电阻丝绕成栅状。此时即使试件只受到单向拉伸，由于其表面仍为平面应变状态（轴向伸长和横向缩短），因而应变片敏感栅的横向部分将会感受横向应变，使其总的电阻变化减小。图 2-2 所示试件受拉力 P 的作用时，将沿受力方向 x 伸长，而垂直于 P 的 y 方向则将缩短。贴在试件上的直角电阻丝式应变片，其敏感栅的纵轴向部分（方向与力 P 一致，长度为 $4L$）将同时被拉伸，产生正应变 $+\varepsilon_x$，其电阻增量也为正；而其横向部分（方向与力 P 垂直，长度为 $3a$）将被压缩，产生负应变 $\varepsilon_y = -\mu\varepsilon_x$（$\mu$ 为试件材料的泊松比），其电阻增量也为负。由于两者电阻增量的符号相反，综合的结果就使敏感栅总的电阻增量 ΔR 减小。而敏感栅的原始电阻 R 未变，故电阻变化率 $\Delta R/R$ 减小，从而降低了应变片的灵敏度。应变片由于感受横向应变而使电阻变化率减小并降低灵敏度的现象，称为应变片的横向效应。

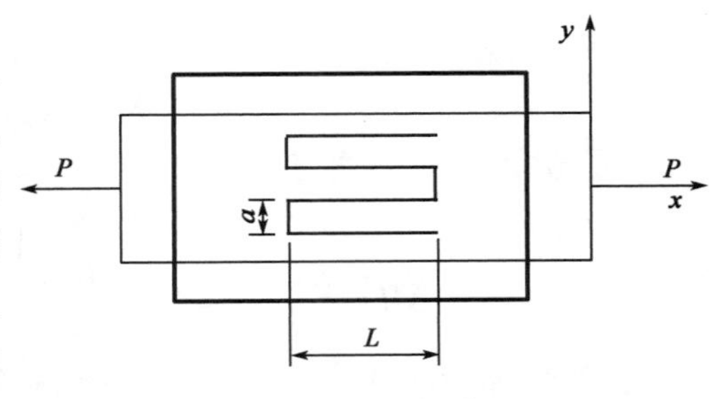

图 2-2　试件受拉时敏感的变形

常用的圆角电阻丝应变片的横向效应主要是由敏感栅的圆弧部分感受横向变形引起的，敏感栅的纵向部分几乎不受横向变形的影响。箔式应变片引起横向效应的因素则较复杂，除了敏感栅的横向部分受横向变形影响外，敏感栅的纵向部分因其宽度与厚度之比较大，也受到横向变形的影响。此外，箔材和基底的厚度、弹性模量以及其他因素都将影响横向效应的大小，甚至正负。

2. 应变片的横向灵敏度

应变片横向效应的大小可用横向灵敏度来表示。所谓应变片的横向灵敏度 H，是指在同一单向应变作用下，垂直于单向应变方向粘贴的应变片的指示应变与平行于单向应变方向粘

贴的同批应变片的指示应变之比值(用百分数表示)。设应变片处在任意平面应变场中,则其电阻变化率:

$$\frac{\Delta R}{R}=K_x(\varepsilon_x+H\varepsilon_y) \tag{2-1}$$

式中:K_x——应变片的轴向灵敏系数(在单向应变场中,当应变片沿单向应变方向粘贴时测得的灵敏系数);

ε_x——沿应变片纵轴线方向的应变;

ε_y——垂直于应变片纵轴线方向的应变;

H——应变片的横向灵敏度。

3. 横向效应引起的测量误差

由式(2-1)可知,应变片电阻变化的大小除与纵向应变 ε_x 有关外,实际上还与横向灵敏度 H 及横向应变 ε_y 有关,因此横向效应的存在将给测量带来误差。

当按前述的统一测定条件来测定应变片的灵敏系数时,测点实际上为平面应变状态。设此时的纵向应变为 ε_x,则横向应变为 $-\mu_0\varepsilon_x$,测出的 K 值实际上为:

$$K=\frac{\frac{\Delta R}{R}}{\varepsilon_x}=\frac{K_x(\varepsilon_x-H\mu_0\varepsilon_x)}{\varepsilon_x}=K_x(1-H\mu_0) \tag{2-2}$$

因此,如果实测时的条件(如应力状态、材料的泊松比等)与前述 K 值测定条件一致,则不会引起测量误差;如果实测的条件与前述 K 值测定条件不一致,此时若仍用原来测定的 K 值来测量,则势必引起测量误差。设此时测点的真实应变为 ε_x 和 ε_y,应变仪上的指示应变则变成 ε'_x,按式(2-1)和式(2-2)得

$$\varepsilon'_x=\frac{\frac{\Delta R}{R}}{K}=\frac{K_x(\varepsilon_x+H\varepsilon_y)}{K_x(1-H\mu_0)}=\frac{\varepsilon_x+H\varepsilon_y}{1-H\mu_0} \tag{2-3}$$

指示应变 ε'_x 与真实应变 ε_x 的相对误差为:

$$\Delta H=\frac{\varepsilon'_x-\varepsilon_x}{\varepsilon_x}=\frac{\left(\frac{\varepsilon_x+H\varepsilon_y}{1-H\mu_0}\right)-\varepsilon_x}{\varepsilon_x}=\frac{H}{1-H\mu_0}\left(\mu_0+\frac{\varepsilon_y}{\varepsilon_x}\right)\times 100\% \tag{2-4}$$

式(2-4)即为计算横向效应误差的一般公式,其中横向灵敏度 H 由试验确定。从式(2-4)可知,在实际测量中可能有以下几种情况:

(1)当试件为单向应力状态,应变片在主应力方向测量时,则不论试件为何种材料即材料的泊松比 μ 为何值,其横向效应的误差一般不会大于1%,此时可不考虑横向效应的影响。例如,用在钢材上($\mu_0=0.28$)测出 K 值的应变片来测量有机玻璃($\mu_0=0.40$)的应变时,其横向效应误差(设 $H=0.03$)为:

$$\Delta H=\frac{0.03}{1-0.03\times 0.28}\times(0.28-0.40)=-0.004=-0.4\%$$

(2)当试件为单向应力状态,而应变片垂直于主应力方向测量时,则横向效应的误差最大。例如,其他条件与测定 K 应变片值时相同,应变片垂直于主应力方向测量时(设 $H=0.03$,$\mu_0=0.28$),则有:

$$\frac{\varepsilon_y}{\varepsilon_x}=-\frac{1}{\mu_0}$$

$$\Delta H=-\frac{0.03}{1-0.03\times0.28}\times\left(0.28-\frac{1}{0.28}\right)=-0.10=-10\%$$

这时须对实测值加以修正。

(3)当试件为平面应力状态时,横向效应的误差一般也较大。例如,测量双向拉伸的钢质试件时(设 $\varepsilon_y/\varepsilon_x=1,H=0.03$),则有:

$$\Delta H=-\frac{0.03}{1-0.03\times0.28}\times(0.28+1)=0.039=3.9\%$$

在这种情况下,也应对实测值加以修正。

四、应变片的温度特性

粘贴在试件上的应变片,当环境温度发生变化时(设此时试件未受外力作用,并且可以自由伸缩),其电阻也将随着发生变化。如果此时将应变片接入应变仪,将会有应变输出。这种由于温度变化引起的应变输出称为热输出。使应变片产生热输出的原因有:

(1)当温度变化时,应变片敏感元件材料的电阻值将随温度的变化而变化。其电阻变化率为:

$$\left(\frac{\Delta R}{R}\right)_{\mathrm{r}}=\alpha\Delta t \tag{2-5}$$

式中:α——敏感元件材料的电阻温度系数;

Δt——环境温度的变化量。

(2)当温度变化时,应变片与试件材料均产生线膨胀。如果应变片敏感元件材料与试件材料的线膨胀系数不同,它们的伸缩量也将不同。但应变片已经贴牢在试件上,不能自由伸缩,只能跟试件一起变形,从而使应变片敏感元件产生附加应变,并引起电阻变化,其电阻变化率为:

$$\left(\frac{\Delta R}{R}\right)_{\beta}=K(\beta_{\mathrm{m}}-\beta_{\mathrm{s}})\Delta t \tag{2-6}$$

式中:β_{m}——试件材料的线膨胀系数;

β_{s}——敏感元件材料的线膨胀系数;

K——应变片的灵敏系数。

因此,应变片由温度变化所引起的总电阻变化率为:

$$\left(\frac{\Delta R}{R}\right)_{\mathrm{t}}=\left(\frac{\Delta R}{R}\right)_{\mathrm{r}}+\left(\frac{\Delta R}{R}\right)_{\beta}=[\alpha+K(\beta_{\mathrm{m}}+\beta_{\mathrm{s}})]\Delta t \tag{2-7}$$

应变片的热输出:

$$\varepsilon_{\mathrm{t}}=\left(\frac{\Delta R}{R}\right)_{\mathrm{t}}\Big/K=\left[\frac{\alpha}{K}+(\beta_{\mathrm{m}}-\beta_{\mathrm{s}})\right]\Delta t \tag{2-8}$$

或

$$\varepsilon_t = \frac{\Delta t/K}{\alpha + K(\beta_m - \beta_s)} \tag{2-9}$$

由于温度变化而引起的热输出是比较大的，有时甚至会超过测量值，给测量带来较大的误差。例如贴在钢质试件上的康铜电阻丝式应变片，其 $K = 2.0$，$\alpha = 20 \times 10^{-6}℃^{-1}$，$\beta_s = 15 \times 10^{-6}℃^{-1}$，$\beta_m = 11 \times 10^{-6}℃^{-1}$。当温度变化 $\Delta t = 10℃$时，应变片的热输出为：

$$\varepsilon_t = \left[\frac{20 \times 10^{-6}}{2} + (11 - 15) \times 10^{-6}\right] \times 10 = 60 \times 10^{-6} = 60(\mu\varepsilon)$$

设钢质试件的弹性模量 $E = 2 \times 10^{-6} kg/cm^2$，上述热输出相当于试件在应力 $\sigma = E\varepsilon_t = 120kg/cm^2$ 时的应变值。本例说明即使在常温下测量，也不能忽视温度的影响。特别是在现场实测时，环境温度很难保持恒定，必须采取温度补偿措施以减少或消除温度变化的影响。温度补偿的方法通常有两种：一种是桥路补偿法；一种是使用温度自补偿应变片。

第二节　应变片的种类和选用

一、应变片的种类

应变片的种类繁多，分类方法也各异。例如，根据敏感元件材料的不同，应变片可分为金属式和半导体式两类；根据基底材料的不同，应变片可分为纸基应变片、胶基应变片和金属基应变片等种类；根据安装方法的不同，应变片可分为粘贴式、焊接式、喷涂式和埋入式四类。此外，应变片还可以根据工作温度、敏感元件的几何形状等来分类。

下面根据其使用和发展情况，介绍一些主要类型的应变片。

1. 常规应变片

它是指电阻丝式和箔式两种应变片，在常规的应变测量和传感器制造中，应用最为普遍，如图 2-3 所示。

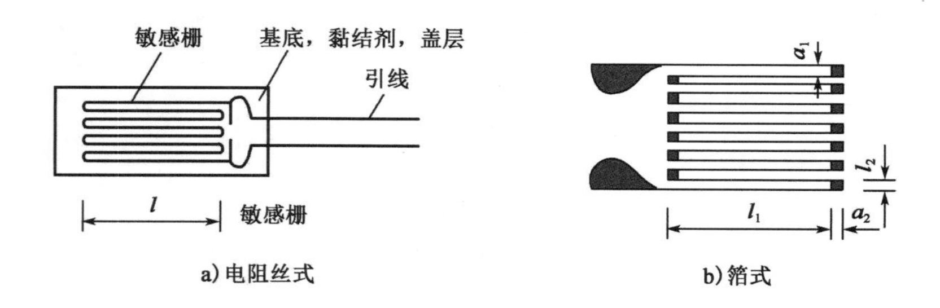

图 2-3　常规应变片

电阻丝式应变片的敏感元件是用高阻值的金属丝绕成栅状，这种应变片由于制造容易，目前在国内使用较普遍；其缺点是横向灵敏度大。为了减小横向效应的影响，还有短接式应变片和箔式应变片。

2. 特殊应变片

它包括半导体应变片、温度自补偿应变片及应变花。半导体应变片的优点是灵敏系数比金属式应变片高数十倍，输出大，因而可大大简化测量系统，机械滞后小，横向效应小，体积小；它的缺点是电阻和灵敏系数的热稳定性差，测量较大应变时非线性严重，灵敏系数离散程度大。温度自补偿应变片适用于高低温测量或测量精度要求高的场所，如图 2-4 所示。

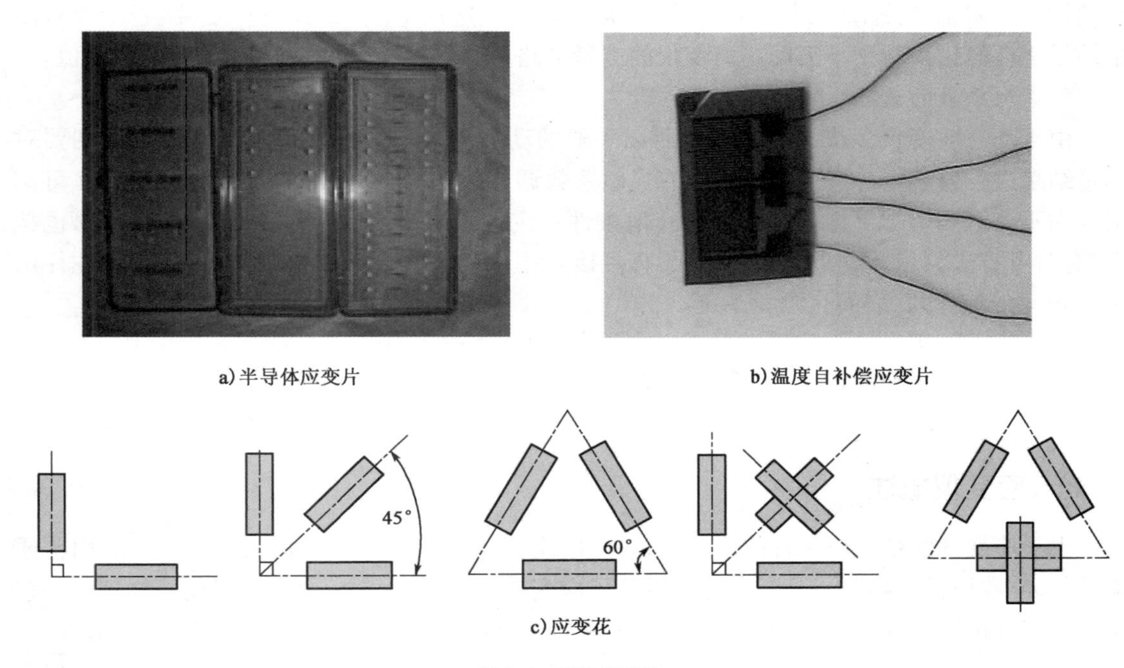

a) 半导体应变片　　b) 温度自补偿应变片

c) 应变花

图 2-4　特殊应变片

二、应变片的选用

根据试件的材质及受力状态、测量精度要求及环境条件等，来选用合适的应变片。

1. 敏感元件材料的选用

由于康铜的灵敏系数稳定，在弹性范围和塑性范围都保持不变，而且电阻温度系数小，因而用得最多。但是康铜在 300℃时电阻温度系数急剧变化，故一般用于 200℃以下的测量。在高中温测量中，则常用镍铬合金、镍铬铝合金及铂钨合金等作为敏感元件材料。在制作体积小、输出大的传感器时，敏感元件宜用半导体材料。

2. 基底材料的选用

由于纸基能够满足大部分使用要求，易于粘贴，故在 70℃以下的常温测量中使用较普遍。有一种浸含酚醛树脂或聚酯树脂的纸基可提高其耐热和防潮性能，使用温度可达 180℃。用酚醛、聚酯、环氯和聚酰亚胺等有机材料制成的基底可用于环境温度较高（如聚酰亚胺基底使用温度范围为 −150 ~ +250℃）、湿度较大和测量时间较长的应变测量和传感器上。高温测量时多用金属、石棉、玻璃纤维布等作基底。

3. 栅长的选择

由于应变片测出的应变值实际上是该应变片的粘贴区域内应变的平均值，故当试件应变梯度较大或用于传感器上时，应选择栅长小的应变片，使测出的应变接近测点的真实值。在测量瞬态或高频动应变时，也因其频率响应较好而尽量选择栅长小的应变片。而在测量材质不均匀（如木材、混凝土等）的试件时，则须使用栅长大的应变片，以便反映应变的平均水平。

4. 电阻值的选择

应变片的原始电阻值虽有 60Ω、90Ω、120Ω、200Ω、300Ω、500Ω、1000Ω 等，但因应变仪电桥的桥臂电阻都是按 120Ω 设计的，故无特殊要求时须选用电阻 120Ω 的应变片；否则要对测量结果进行修正。对于不需配用应变仪的测量电路，则可根据需要来选择应变片的电阻值。

5. 灵敏系数的选择

由于动态应变仪多按 $K=2$ 设计，所以一般的动态测量宜选用 $K=2$ 的应变片；否则要对测量结果进行修正。静态应变仪多设有灵敏系数调节装置，允许使用 $K\neq2$ 的应变片，在可调范围内不需对测量结果进行修正。在其他条件一定的情况下，应变片的 K 值越大，输出也越大，有时可省去测量系统中的放大单元，直接接入指示记录仪表。故在制作传感器时，往往选用 K 值大的应变片，以简化测量系统。

第三节　应　变　仪

一、应变仪概述

由于应变片测量金属试件的应变时，它的电阻变化率（$\Delta R/R$）一般只有千分之几，用普通指示仪表很难直接检测出来，所以专门设计了应变仪，用来放大并检测这种微弱的物理量。它还可以鉴别被测应变的正负（拉应变或压应变）。经应变放大的信号，还可以输入显示、记录仪表进行显示或记录。此外，应变仪与应变片式传感器配合使用，还可测量拉压力、荷重、扭矩及振动等机械参数。

二、应变仪的组成与工作原理

我国目前生产的应变仪大多是载波放大式应变仪，一般由电桥、放大器、相敏检波器、低通滤波器、振荡器和稳压电源 6 个单元组成，如图 2-5 所示。

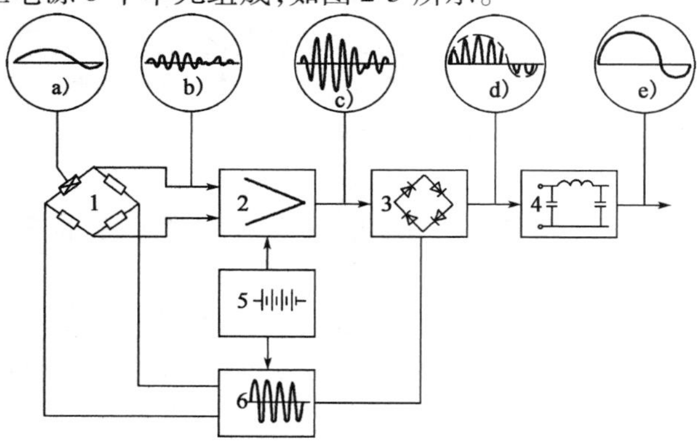

图 2-5　应变仪的波形和方框图

1-电桥；2-放大器；3-相敏检波器；4-低通滤波器；5-稳压电源；6-振荡器

1. 电桥

应变仪中的电桥，是由贴在试件上的应变片或由应变片与应变仪的固定电阻组成的。它的主要作用是将应变片的电阻变化按一定比例转换成电压或电流的变化，以便输出至放大器放大。同时，载波放大应变仪的电桥还起调制器的作用。它由应变仪内的振荡器供给一个振幅稳定的正弦波电压作为桥压，其频率通常比被测信号的频率高 5～10 倍，称为载波。载波信号在电桥内被缓慢变化的被测信号[图 2-5a)]调制后，变成振幅随被测信号的大小而变化的调幅波[图 2-5b)]，然后输至交流放大器放大。这种调幅波有利于采用频率特性要求较低的窄带交流放大器，从而简化了仪器的结构。当被测信号正负不同时，电桥输出的调幅波的相位也将相差 180°。

2. 放大器

载波放大式应变仪多采用交流放大器，其作用是将电桥输出的微弱调幅波电压信号进行不失真的电压和功率放大，以便得到足够的功率去推动指示或记录仪表。为了保证应变仪的精度，要求放大器具有很高的稳定性，温度、电源电压等波动的影响减至最小。为此，放大器中采用了直流和交流负反馈电路，以稳定放大器的工作点和放大倍数，减小非线性失真。经放大器放大后的调幅波[图 2-5c)]的频率和相位与电桥输出的调幅波是相同的，只是振幅放大了。

3. 相敏检波器

它的作用是将放大后的调幅波还原成与被测信号波形相同的波形[图 2-5d)]。它与普通检波器的不同之处是能够根据放大器放大后的调幅波的相位辨别原来被测信号的极性，即能辨别被测应变是拉应变还是压应变。应变仪中多采用环形相敏检波器，主要由四个半导体二极管顺向组成。

4. 低通滤波器

检波后的波形中仍带有高频载波分量，因此在动态应变仪中都设有低通滤波器，以便滤去高频分量，取出所需要又放大了的正确波形[图 2-5e)]。可见相敏检波器和低通滤波器的配合，起了解调器的作用。由于静态应变仪是采用零读法进行测量的，故仅要求放大和鉴相后的信号能够推动平衡指示器(直流电表)指示出电桥平衡与否就行了，而对滤波无严格的要求。因此在静态应变仪中有时仅在平衡指示器上并联一电容来代替滤波器。此外，电表运动部分的惯性也有一定的机械滤波作用。

5. 振荡器

载波放大式应变仪中的振荡器是用来产生一种幅值稳定的高频正弦波电压，作为电桥的供桥电压(即载波电压)和相敏检波器的参考电压。为了保证测量精度和使电桥易于平衡，要求振荡器输出电压的幅值保持稳定，波形失真较小。根据试验，只有当振荡器供桥的载波频率比被测应变信号的频率高 5～10 倍时，才能保证调幅波的包络线最接近应变信号的波形。

6. 稳压电源

稳压电源用以供给振荡器和放大器一个稳定的直流工作电压，该电压不随市电网络电压的波动而波动，也不随负载的变化而变化。稳压电源可与其他单元一起装在机内(如 Y6D-2、YJ-5 型应变仪)。为了减少应变仪的重量，也可单独设置，成为应变仪的一个附件(如 YD-15 型应变仪)。

第四节　测量电桥设计

测量电桥由于具有灵敏度高、测量范围宽、容易实现温度补偿等优点，能够很好地满足应变测量的要求。

电桥根据电源的性质分为直流电桥和交流电桥两类，目前在应变仪中多采用交流电桥。但是由于两类电桥的转换原理是一致的，基本公式也有相似的表达形式，故本节先以直流电桥来分析其工作原理和特性，然后介绍载波放大式应变仪的交流电桥及应变仪中与电桥有关的调节装置。

一、电桥的工作原理和特性

图 2-6 是一个直流电桥，它的 4 个桥臂由电阻 R_1、R_2、R_3 和 R_4 组成。A、C 端接直流电源，称为供桥端；U_0 称为供桥电压；B、D 端接负载 R_g，称为输出端。

当 4 个桥臂的电阻 $R_1=R_2=R_3=R_4=R$ 时，称为全等臂电桥；当 $R_1=R_2=R$、$R_3=R_4=R'$（$R\neq R'$）时，称为输出端对称电桥；当 $R_1=R_4=R$、$R_2=R_3=R'$（$R\neq R'$）时，称为对电源对称电桥。

1. 电桥的转换原理

这里主要叙述电桥的电压输出。

在应变仪中一般是将电桥的输出端接入放大器。由于目前的应变仪多采用交流放大器，其输入阻抗很高，故可认为电桥的负载为无穷大。此时的电桥输出端相当于开路状态，只能输出电压信号，称为电压输出，如图 2-7 所示。

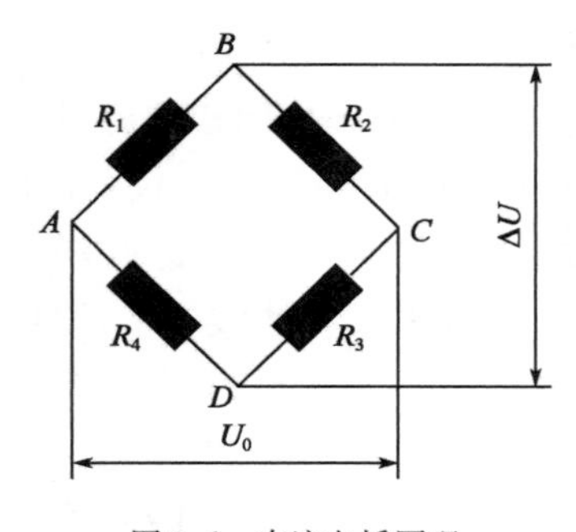

图 2-6　直流电桥原理

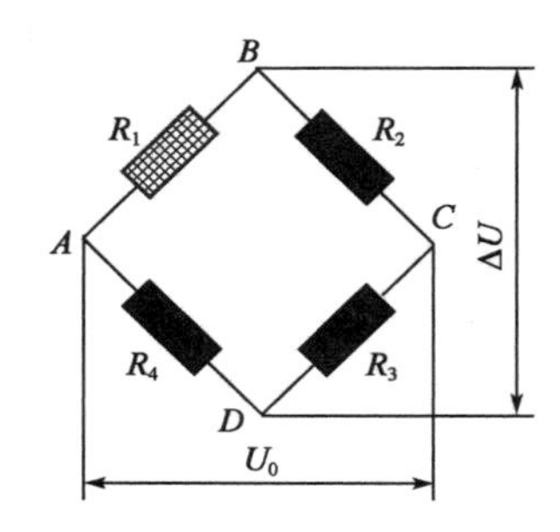

图 2-7　电桥的电压输出

根据分压原理，在电桥 ABC 支路的 R_2 上的电压降为：

$$U_{BC}=U_0\frac{R_2}{R_1+R_2}$$

同理，在电桥 ADC 支路的 R_3 上的电压降为：

$$U_{DC}=U_0\frac{R_3}{R_3+R_4}$$

则输出电压为：

$$\Delta U = U_{DC} - U_{BC} = U_0\left(\frac{R_3}{R_3 + R_4} - \frac{R_2}{R_1 + R_2}\right) = U_0\,\frac{R_1R_3 - R_2R_4}{(R_1 + R_2)(R_3 + R_4)} \tag{2-10}$$

由式(2-10)可知,当电桥各桥臂的电阻满足如下条件时:

$$R_1R_3 = R_2R_4 \qquad 或 \qquad \frac{R_1}{R_2} = \frac{R_4}{R_3} \tag{2-11}$$

则电桥的输出电压为零,即电桥处于平衡状态。为了保证测量的准确性,在实测之前应使电桥平衡(称为预调平衡),以求输出电压只与应变片感受应变所引起的电阻变化有关。设电桥中仅有一个桥臂 R_1 为应变片,其余桥臂均为固定电阻,当 R_1 感受应变而产生电阻增量 ΔR_1 时,由于 $\Delta R_1 \ll R_1$,故此时电桥的输出电压可通过式(2-12)求得:

$$dU = U_0\,\frac{R_2}{(R_1 + R_2)^2}dR_1 \tag{2-12}$$

当 ΔR_1 很小时(在一般的测量中都能满足这一点),$\Delta U \approx dU$,故式(2-12)可用增量来表示:

$$\Delta U = U_0\,\frac{R_2}{(R_1 + R_2)^2}\Delta R = U_0\,\frac{R_1R_2}{(R_1 + R_2)^2}\left(\frac{\Delta R}{R}\right) \tag{2-13}$$

输出端对称电桥的 $R_1 = R_2 = R, R_3 = R_4 = R'$。当 R_1 臂(应变片)的电阻发生变化,其电阻增量 $\Delta R_1 = \Delta R$ 时,根据式(2-13)其输出电压为:

$$\Delta U = U_0\,\frac{RR}{(R + R)^2}\left(\frac{\Delta R}{R}\right) = \frac{U_0}{4}\left(\frac{\Delta R}{R}\right) = \frac{U_0}{4}K\varepsilon \tag{2-14}$$

对电源对称电桥的 $R_1 = R_4 = R, R_2 = R_3 = R'$。当 R_1 臂(应变片)的电阻增量 $\Delta R_1 = \Delta R$ 时,由式(2-13)其输出电压为:

$$\Delta U = U_0\,\frac{RR'}{(R + R')^2}\left(\frac{\Delta R}{R}\right) = U_0\,\frac{RR'}{(R + R')^2}K\varepsilon \tag{2-15}$$

全等臂电桥的 $R_1 = R_2 = R_3 = R_4 = R$。当 R_1 臂(应变片)的电阻增量 $\Delta R_1 = \Delta R$ 时,由式(2-13)其输出电压:

$$\Delta U = U_0\,\frac{RR}{(R + R)^2}\left(\frac{\Delta R}{R}\right) = \frac{U_0}{4}\left(\frac{\Delta R}{R}\right) = \frac{U_0}{4}K\varepsilon \tag{2-16}$$

在上述三种电桥中,当电桥的桥臂电阻(即应变片的电阻)发生变化时,电桥的输出电压也随着发生变化。当 $\Delta R_1 \ll R_1$ 时,其输出电压与电阻变化率 $\Delta R_1/R$(或应变 ε)呈线性关系。在桥臂电阻发生相同变化的情况下,全等臂电桥与输出端对称电桥的输出电压相同,它们的输出电压皆比对电源对称电桥的输出电压大,即它们的灵敏度较高。因此在实测中多采用前两种形式的电桥。

2. 电桥的加减特性

以全等臂电桥的电压输出为例来分析 4 个桥臂的电阻变化,从而说明电桥的加减特性。设电桥的 4 个桥臂都由应变片组成,则工作时各桥臂的电阻都将发生变化,电桥也将有电压输出。当供桥电压一定且 $\Delta R_i \ll R_i$ 时,对式(2-10)全微分即可求得电桥的输出电压增量。

$$\begin{aligned}\mathrm{d}u &= \frac{\partial U}{\partial R_1}\mathrm{d}R_1 + \frac{\partial U}{\partial R_2}\mathrm{d}R_2 + \frac{\partial U}{\partial R_3}\mathrm{d}R_3 + \frac{\partial U}{\partial R_4}\mathrm{d}R_4 \\ &= U_0\left[\frac{R_2}{(R_1+R_2)^2}\mathrm{d}R_1 - \frac{R_1}{(R_1+R_2)^2}\mathrm{d}R_2 + \frac{R_4}{(R_3+R_4)^2}\mathrm{d}R_3 - \frac{R_3}{(R_3+R_4)^2}\mathrm{d}R_4\right] \\ &= U_0\left[\frac{R_1R_2}{(R_1+R_2)^2}\left(\frac{\mathrm{d}R_1}{R_1}\right) - \frac{R_1R_2}{(R_1+R_2)^2}\left(\frac{\mathrm{d}R_2}{R_2}\right) + \frac{R_3R_4}{(R_3+R_4)^2}\left(\frac{\mathrm{d}R_3}{R_3}\right) - \frac{R_3R_4}{(R_3+R_4)^2}\left(\frac{\mathrm{d}R_4}{R_4}\right)\right]\end{aligned} \tag{2-17}$$

由于全等臂电桥 $R_1=R_2=R_3=R_4=R$，式(2-17)化简为：

$$\mathrm{d}U = \frac{U_0}{4}\left(\frac{\mathrm{d}R_1}{R_1} - \frac{\mathrm{d}R_2}{R_2} + \frac{\mathrm{d}R_3}{R_3} - \frac{\mathrm{d}R_4}{R_4}\right) \tag{2-18}$$

当 $\Delta R_i \ll R_i$ 时，式(2-18)还可改用增量表示：

$$\Delta U = \frac{U_0}{4}\left(\frac{\Delta R_1}{R_1} - \frac{\Delta R_2}{R_2} + \frac{\Delta R_3}{R_3} - \frac{\Delta R_4}{R_4}\right) \tag{2-19}$$

当各桥臂应变片的灵敏系数 K 相同时：

$$\Delta U = \frac{U_0K}{4}(\varepsilon_1 - \varepsilon_2 + \varepsilon_3 - \varepsilon_4) \tag{2-20}$$

式(2-18)和式(2-19)为电桥转换原理的一般形式，从两式中可得电桥的一个重要特性——加减特性，讨论如下：

(1)单臂工作时，即电桥只有桥臂 R_1 为工作臂，且工作时电阻 R 变为 $R+\Delta R$，其余各臂为固定电阻 $R(\Delta R_2=\Delta R_3=\Delta R_4=0)$，则式(2-19)变为：

$$\Delta U = \frac{U_0}{4}\left(\frac{\Delta R}{R}\right) = \frac{U_0}{4}K\varepsilon \tag{2-21}$$

(2)两个相邻臂工作时(图2-8)，即电桥的桥臂 R_1、R_2 为工作臂，且工作时有电阻增量 ΔR_1、ΔR_2，而 R_3 和 R_4 臂为固定电阻 $R(\Delta R_3=\Delta R_4=0)$，则式(2-19)变为：

$$\Delta U = \frac{U_0}{4}\left(\frac{\Delta R_1}{R_1} - \frac{\Delta R_2}{R_2}\right) = \frac{U_0K}{4}(\varepsilon_1 - \varepsilon_2) \tag{2-22}$$

此时，当 $\Delta R_1=\Delta R_2=\Delta R$ 时，则有：

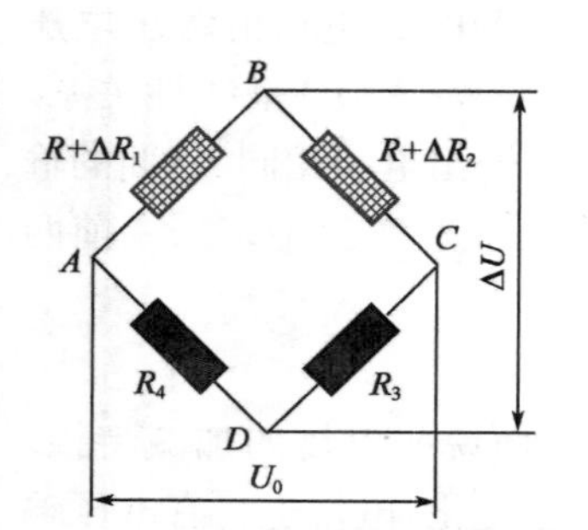

图2-8　两个相邻臂工作的电桥

$$\Delta U = \frac{U_0}{4}\left(\frac{\Delta R_1}{R_1} - \frac{\Delta R_2}{R_2}\right) = \frac{U_0}{4}\left(\frac{\Delta R}{R} - \frac{\Delta R}{R}\right) = 0 \tag{2-23}$$

当 $\Delta R_1=\Delta R$，$\Delta R_2=-\Delta R$ 时，则有：

$$\Delta U = \frac{U_0}{4}\left(\frac{\Delta R_1}{R_1} - \frac{\Delta R_2}{R_2}\right) = \frac{U_0}{4}\left(\frac{\Delta R}{R} + \frac{\Delta R}{R}\right) = 2\left[\frac{U_0}{4}\left(\frac{\Delta R}{R}\right)\right] = 2\left(\frac{U_0}{4}K\varepsilon\right) \tag{2-24}$$

将式(2-24)与式(2-21)比较可知，此时电桥的输出比单臂工作时增大一倍，提高了测量的灵敏度。但须注意，此时试件的真实应变为应变仪读数的一半。

(3)两个相对臂工作时(图 2-9),即电桥的桥臂 R_1、R_3 为工作臂,且有增量 ΔR_1、ΔR_3,而 R_3 和 R_4 臂为固定电阻,则式(2-19)变为:

$$\Delta U=\frac{U_0}{4}\left(\frac{\Delta R_1}{R_1}+\frac{\Delta R_2}{R_2}\right)=\frac{U_0K}{4}(\varepsilon_1+\varepsilon_2) \tag{2-25}$$

此时,当 $\Delta R_1=\Delta R_3=\Delta R$ 时,则有:

$$\Delta U=2\left[\frac{U_0}{4}\left(\frac{\Delta R}{R}\right)\right]=2\left(\frac{U_0}{4}K\varepsilon\right) \tag{2-26}$$

当 $\Delta R_1=\Delta R,\Delta R_3=-\Delta R$ 时,则有:

$$\Delta U==\frac{U_0}{4}\left(\frac{\Delta R}{R}-\frac{\Delta R}{R}\right)=0$$

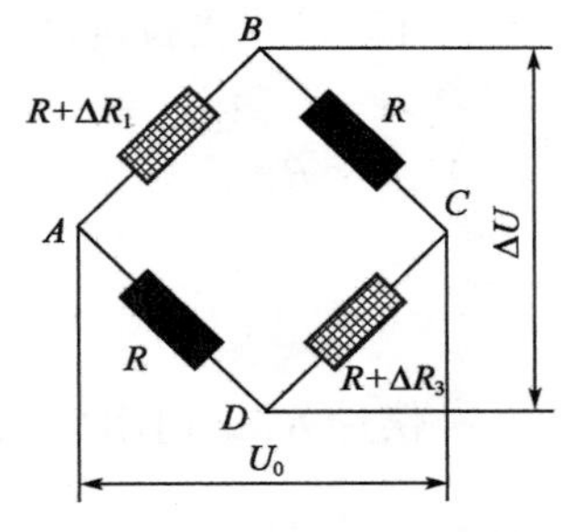

图 2-9　两个相对臂工作的电桥

根据上述的电桥加减特性,不论在半桥测量(电桥的 R_1 和 R_2 臂为应变片,R_3 和 R_4 臂为固定电阻)中,还是在全桥测量(电桥的 4 个桥臂都是应变片)中,都可以通过不同的组桥方式来提高测量灵敏度或消除不需要的成分。

二、电桥设计

下面举几个常用的实例说明电桥的设计。

【例 2-1】　半桥测量时进行温度补偿——桥路补偿法。测量如图 2-10a)所示的试件时,采用两片敏感元件材料、原始电阻值和灵敏系数都相同的应变片 R_1 和 R_2。R_1 贴在试件的测点上;R_2 贴在试件的应变为零处,或贴在与试件材质相同的不受力的补偿块上[图 2-10b)]。R_1 和 R_2 处于相同的温度场中,并按图 2-7接入电桥臂上。

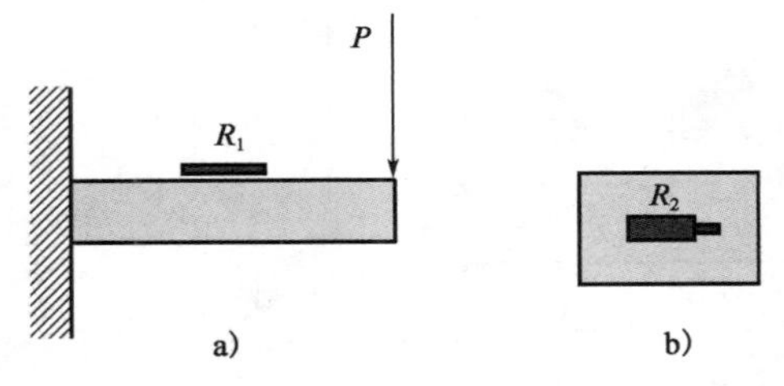

图 2-10　用补偿块实现温度补偿

当试件受力并有温度变化时,应变片 R_1 的电阻变化率为:

$$\frac{\Delta R_1}{R_1}=\left(\frac{\Delta R_1}{R_1}\right)_s+\left(\frac{\Delta R_1}{R_1}\right)_t$$

式中:$\left(\frac{\Delta R_1}{R_1}\right)_s$——$R_1$ 由应变引起的电阻变化率;

$\left(\frac{\Delta R_1}{R_1}\right)_t$——$R_1$ 由温度变化引起的电阻变化率。

而应变片 R_2(称为温度补偿片)则只有温度变化引起的电阻变化率,即

$$\left(\frac{\Delta R_2}{R_2}\right)=\left(\frac{\Delta R_2}{R_2}\right)_t$$

因为$\left(\frac{\Delta R_1}{R_1}\right)_t=\left(\frac{\Delta R_2}{R_2}\right)_t$,所以按式(2-19)得电桥的输出电压为:

$$\Delta U=\frac{U_0}{4}\left(\frac{\Delta R_1}{R_1}-\frac{\Delta R_2}{R_2}\right)=\frac{U_0}{4}\left[\left(\frac{\Delta R_1}{R_1}\right)_s+\left(\frac{\Delta R_1}{R_1}\right)_t-\left(\frac{\Delta R_2}{R_2}\right)_t\right]=\frac{U_0}{4}\left(\frac{\Delta R_1}{R_1}\right)_s$$

结果消除了温度的影响,减少了测量误差。这种桥路补偿法在常温测量中经常采用。

【例 2-2】 受拉构件,欲测其拉伸应变。举出两种方案。

方案一:工作片 R_1 的电阻变化包括由拉力 P 造成和因温度效应而致的两部分。

工作片 R_1 的电阻变化率为:

$$\frac{\Delta R_1}{R_1}=\left.\frac{\Delta R_1}{R_1}\right|_{\mathrm{P}}+\left.\frac{\Delta R_1}{R_1}\right|_{\mathrm{T}}$$

补偿片 R_2 的电阻变化率为:

$$\frac{\Delta R_2}{R_2}=\left.\frac{\Delta R_2}{R_2}\right|_{\mathrm{T}}$$

按图 2-11 进行电桥设计,则可得电桥输出电压为:

$$\Delta U=\frac{U}{4}\left(\frac{\Delta R_1}{R_1}-\frac{\Delta R_2}{R_2}\right)=\frac{E}{4}\left(\left.\frac{\Delta R_1}{R_1}\right|_{\mathrm{P}}+\left.\frac{\Delta R_1}{R_1}\right|_{\mathrm{T}}-\left.\frac{\Delta R_2}{R_2}\right|_{\mathrm{T}}\right)$$

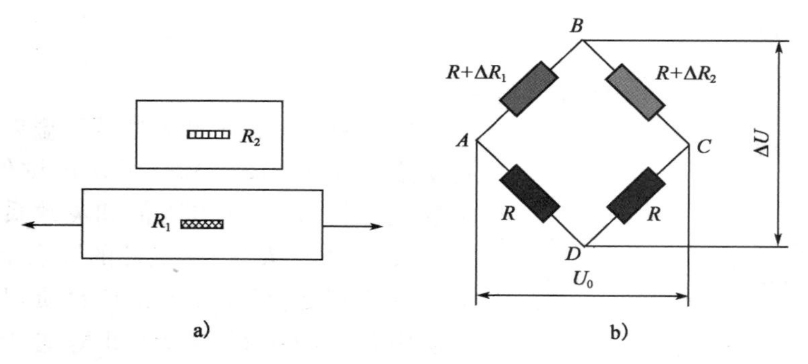

图 2-11 受拉构件应变片粘贴位置和测量电桥(方案一)

若工作片和补偿片取自同一批,补偿试件的温度状况与构件相同,则有:

$$\left.\frac{\Delta R_1}{R_1}\right|_{\mathrm{T}}=\left.\frac{\Delta R_2}{R_2}\right|_{\mathrm{T}}$$

电桥的输出电压为:

$$\Delta U=\frac{U}{4}\left(\left.\frac{\Delta R_1}{R_1}\right|_{\mathrm{P}}\right)=\frac{1}{4}KU\varepsilon_{\mathrm{P}}$$

方案二:将补偿片 R_2 贴到构件上,紧靠工作片 R_1 并与其垂直,如图 2-12 所示。

R_2 的电阻变化率为:

$$\frac{\Delta R_2}{R_2}=K(-\mu\varepsilon_{\mathrm{P}})+\left.\frac{\Delta R_2}{R_2}\right|_{\mathrm{T}}$$

R_1 电阻变化率为:

$$\frac{\Delta R_1}{R_1}=K\varepsilon_{\mathrm{P}}+\left.\frac{\Delta R_1}{R_1}\right|_{\mathrm{T}}$$

电桥设计如图 2-12b)所示,则输出电压变化为:

$$\Delta U=\frac{U}{4}\left(\frac{\Delta R_1}{R_1}\bigg|_{\mathrm{P}}\right)(1+\mu)=\frac{1}{4}KU\varepsilon_{\mathrm{P}}(1+\mu)$$

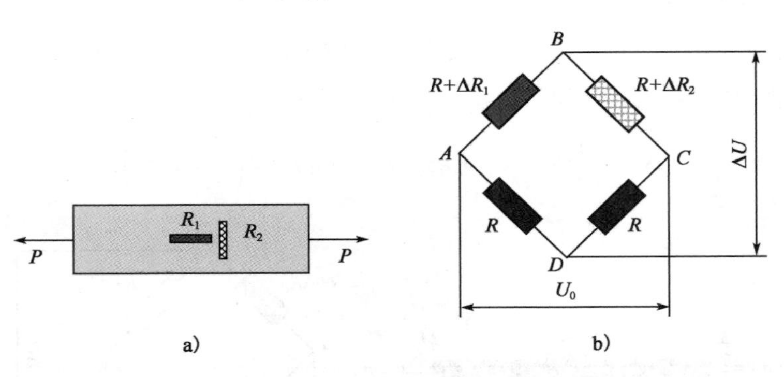

图 2-12　受拉构件应变片粘贴位置和测量电桥(方案二)

【例 2-3】　测图 2-13 所示构件表面弯矩造成的应变。

方案一:专设温度补偿试件,结论与例 2-2 的一样(图 2-13)。

方案二:补偿片贴在构件下表面且轴线与工作片平行[图 2-14a)],电桥见图 2-14b)。这样,温度效应影响可以排除。当施加弯矩 M 时,R_1 感受拉应变 $\varepsilon_{\mathrm{M1}}$,$R_{21}$ 感受压应变 $\varepsilon_{\mathrm{M2}}$。若构件横截面有水平对称轴,则 $\varepsilon_{\mathrm{M1}}=\varepsilon_{\mathrm{M1}}$。根据电桥的加减特性,见式(2-20),可得:

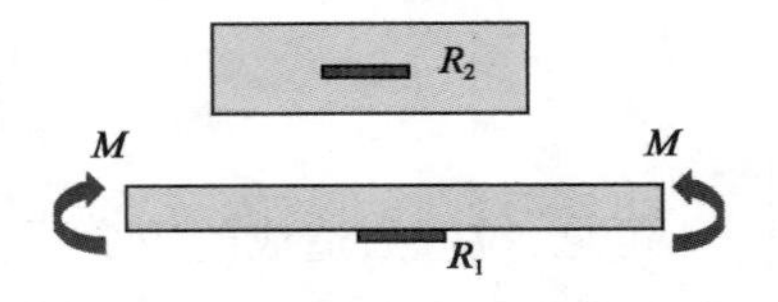

图 2-13　方案一应变片粘贴图

$$\Delta U=\frac{1}{4}KU(\varepsilon_{\mathrm{M1}}-\varepsilon_{\mathrm{M2}})=2\left(\frac{1}{4}KU\varepsilon_{\mathrm{M1}}\right)=\frac{1}{2}KU\varepsilon_{\mathrm{M1}}$$

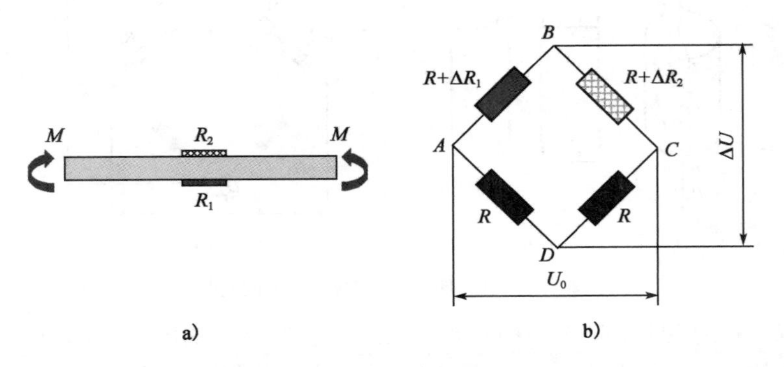

图 2-14　方案二应变片粘贴图和测量电桥

可见,方案二所示应变片粘贴方法和电桥设计,既能做到温度补偿又使电桥输出电压增大一倍。将应变仪读数除以 2,即为所示之应变。

【例 2-4】　构件受弯拉作用,但伴有拉伸[图 2-15a)]欲测弯矩造成的应变而排除拉应力造成的应变。

取两枚应变片按图 2-15 粘贴和电桥设计,用 ε_{M} 和 ε_{P} 分别代表由弯矩的拉力造成的应变。

应变片 1 感受的应变为：

$$\varepsilon_1 = \varepsilon_M + \varepsilon_P$$

应变片 2 感受的应变为：

$$\varepsilon_2 = -\varepsilon_M + \varepsilon_P$$

由式(2-20)，则有：

$$\Delta U = \frac{1}{4}KU(\varepsilon_M + \varepsilon_P - \varepsilon_P + \varepsilon_M) = 2\left(\frac{1}{4}KU\varepsilon_M\right)$$

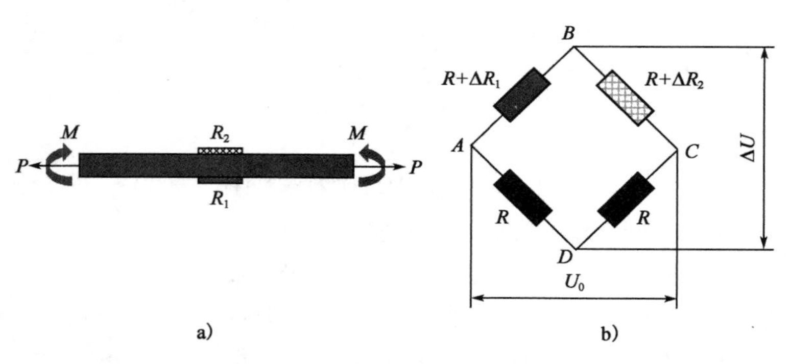

图 2-15　应变片粘贴位置和测量电桥

可见，拉应力造成的应变不会在结果中出现，但应变读数也要除以 2。

【例 2-5】　图 2-16a)所示的弹性元件受偏心压力 P 作用，有图 2-16b)的应力分布，怎样布置应变片方能在读数中排除弯矩的影响。

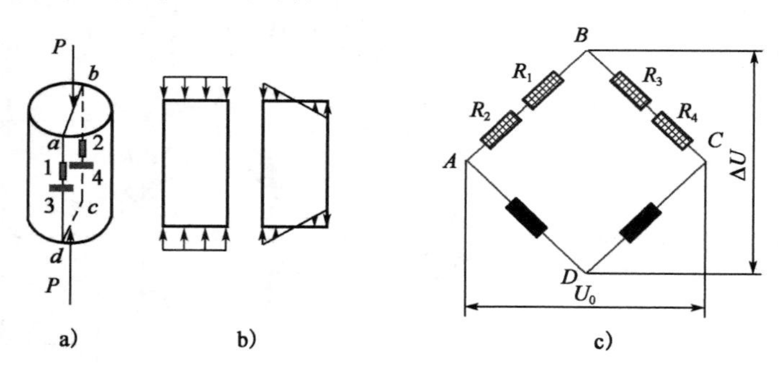

图 2-16　弹性元件应变片粘贴位置和测量电桥

方案一：取 4 枚应变片，按图 2-16a)所示粘贴，电桥设计如图 2-16c)所示。施加荷载 P 后，应变片 1、2 的电阻变化分别为 ΔR_1 和 ΔR_2，若两应变片相同，桥臂 AB 的电阻变化率为：

$$\left.\frac{\Delta R}{R}\right|_{AB} = \frac{\Delta R_1 + \Delta R_2}{R_1 + R_2} = \frac{1}{2}\left(\frac{\Delta R_1}{R} + \frac{\Delta R_2}{R}\right)$$

当两片相同应变片串联在一臂时，这一臂的电阻变化率为各片电阻变化率的算术平均值。这个结论，在多个应变片串联时也适用。

应变片 1 和 2 的电阻变化包括由纯压应变 ε_P 引起的 ΔR_P 和弯曲正应变 ε_M 引起的 ΔR_M 两部分，则

$$\left.\frac{\Delta R}{R}\right|_{AB}=\frac{1}{2}\left(\frac{\Delta R_{P1}+\Delta R_{M1}}{R}+\frac{\Delta R_{P2}+\Delta R_{M2}}{R}\right)$$

由于 $\Delta R_{P1}=\Delta R_{P2}$,$\Delta R_{M1}=\Delta R_{M2}$,则有:

$$\left.\frac{\Delta R}{R}\right|_{AB}=\frac{\Delta R_{P}}{R}=K\varepsilon_{P}$$

同理

$$\left.\frac{\Delta R}{R}\right|_{CB}=K(-\mu\varepsilon_{P})$$

于是,根据式(2-19)得到排除偏心影响的电桥输出电压,而且测得的读数是 ε_P 的 $(1+\mu)$ 倍,即

$$\Delta U=\frac{U_0}{4}K\varepsilon_P(1+\mu)$$

方案二:将4个应变片接成全桥,如图2-17所示。使两个轴向应变片位于相对桥臂,根据式(2-20),可得:

$$\Delta U=\frac{U_0}{4}K[(\varepsilon_{P1}+\varepsilon_{M1})+\mu(\varepsilon_{P1}+\varepsilon_{M1})]+\frac{U_0}{4}K[(\varepsilon_{P2}+\varepsilon_{M2})+\mu(\varepsilon_{P2}+\varepsilon_{M2})]$$

因为 $\varepsilon_P=\varepsilon_{P1}=\varepsilon_{P2}$,$\varepsilon_{M1}=-\varepsilon_{M2}$,所以有:

$$\Delta U=\frac{U_0}{4}K\varepsilon_P\times2(1+\mu)$$

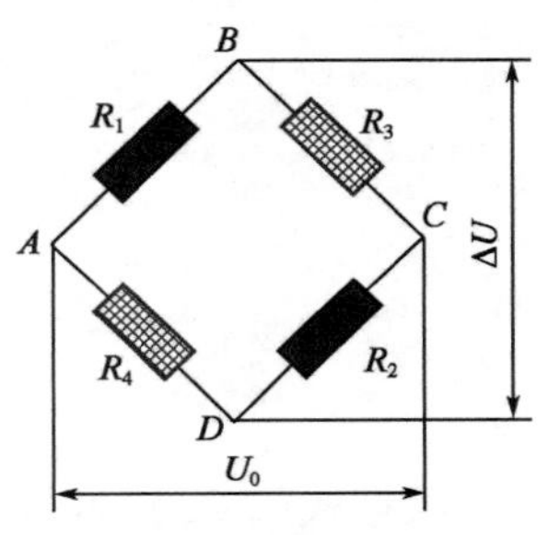

图2-17　弹性元件测量电桥（方案二）

即:采用全电桥法,既排除了荷载偏心的影响,又使输出电压提高为方案一的2倍。

【例2-6】　圆轴扭矩的测量。

从材料力学可知,圆轴受扭时,沿其表面与母线成45°角的方位上,产生最大拉、压应力(图2-18),即 $\sigma_1=-\sigma_2$,相应的应变为 $\varepsilon_1=-\varepsilon_2$,且其数值与圆截面上最大剪应力 τ_{max} 相等,而 τ_{max} 按下式计算:

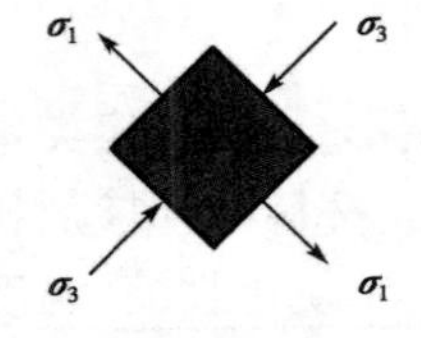

图2-18　圆轴扭矩主应力

$$\tau_{max}=\frac{M_T}{W_r}$$

式中:M_T——扭矩(MPa);

W_r——抗扭截面模量,$W_r=\pi r^2/2$,r 为轴半径。

因已知 $\tau_{max}=\sigma_1$,依据双向应力状态的胡克定律,则有:

$$\sigma_1=\frac{E}{1-\mu^2}[\varepsilon_1+\mu(-\varepsilon_1)]=\frac{E}{1+\mu}\varepsilon_1$$

故

$$M_r=\frac{\pi r^3}{2}\cdot\frac{E}{1+\mu}\varepsilon_1 \tag{2-27}$$

只要测得 ε_1(或 ε_2),即可用来计算 M_r。

图 2-19a)所示为一段圆轴,除承受扭矩 M_r 外,还有轴向力 P 和弯矩 M。如欲测扭矩而排除后两者的影响,可按图 2-19a)所示方法粘贴应变片,并按图 2-19b)所示的全桥接法。应变片在轴上布置后,各类荷载使应变片感受的相应应变间有以下关系:

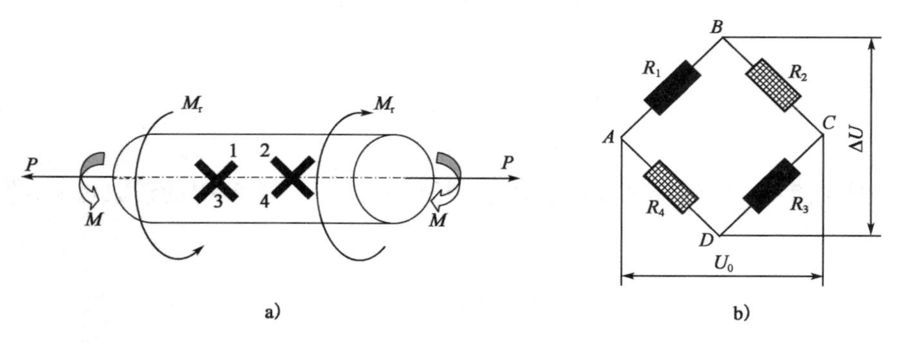

图 2-19　圆轴扭矩应变片粘贴位置和测量电桥

$$\varepsilon_{M_{r1}} = -\varepsilon_{M_{r2}} = \varepsilon_{M_{r3}} = -\varepsilon_{M_{r4}}$$

$$\varepsilon_{P1} = \varepsilon_{P2} = \varepsilon_{P3} = \varepsilon_{P4}$$

$$\varepsilon_{M1} = \varepsilon_{M2}$$

$$\varepsilon_{M3} = \varepsilon_{M4}$$

根据式(2-20),可得:

$$\Delta U = \frac{U_0}{4}K[(\varepsilon_{M_{r1}} + \varepsilon_{P1} + \varepsilon_{M1}) - (-\varepsilon_{M_{r2}} + \varepsilon_{P2} + \varepsilon_{M2}) + (\varepsilon_{M_{r3}} + \varepsilon_{P3} + \varepsilon_{M3}) - (-\varepsilon_{M_{r4}} + \varepsilon_{P4} + \varepsilon_{M4})]$$
$$= 4\left(\frac{1}{4}KU\varepsilon_{M_{T1}}\right)$$

即:不需要的应变被排除,输出电压提高到只有一片工作时的 4 倍。将得到的应变读数除以 4,即可按式(2-27)计算扭矩 M_r。

第五节　路面材料收缩系数测定方法

路面材料中的石灰、石灰粉煤灰以及水泥稳定类材料都容易产生收缩变形,导致稳定类基层收缩变形的因素有很多。其中主要有环境温度、相对温度等外因以及组成材料与外掺剂相互作用生成新相的相变过程等内因两部分。这些因素引起的收缩可以归纳为硬化收缩、温度收缩以及干燥收缩三类来考虑。

一般认为基层材料的三类收缩中以温度收缩较为重要,干燥收缩次之,硬化收缩则可忽略。因而温度收缩系数测试方法显得非常重要。

一、路面材料温度收缩系数测定

1. 测量原理

把应变片安装在可以自由膨胀的试件上,试件不受外力作用,当环境温度不变时,则应变片的指示应变为零。如果使环境温度变化并达到某一数值，则应变片的指示应变也随之变化而达到一定的数值。这时，应变片输出的指示应变值不是由于试件承受外力作用的结果，而是由环境温度的变化所造成的热输出所致。

应变片敏感栅材料的电阻温度效应、敏感栅材料与被测试件材料之间线膨胀系数的差异，是使应变片产生热输出的主要原因。若敏感栅材料的电阻温度系数为 α，当温度变化 Δt 时，由此而产生的应变片电阻的相对变化为 $\Delta R/R=\alpha\Delta t$，指示应变 $\varepsilon'_{\mathrm{t}}$ 表示为：

$$\varepsilon'_{\mathrm{t}}=\frac{1}{K}\alpha\Delta t \tag{2-28}$$

式中：K——应变片的灵敏系数。

若试件和敏感栅的线膨胀系数分别为 β_{m} 和 β_{s}，当 $\beta_{\mathrm{m}}\neq\beta_{\mathrm{s}}$ 以及温度变化为 Δt 时，敏感栅就会受到拉伸或压缩，由此而产生的指示应变 $\varepsilon''_{\mathrm{t}}$ 为：

$$\varepsilon''_{\mathrm{t}}=(\beta_{\mathrm{m}}-\beta_{\mathrm{s}})\Delta t \tag{2-29}$$

将式(2-28)和式(2-29)两项相加，即得粘贴在材料试件上的应变片的热输出 ε_{t}。

$$\varepsilon_{\mathrm{t}}=\varepsilon'_{\mathrm{t}}+\varepsilon''_{\mathrm{t}}=\frac{\Delta t}{K}[\alpha+K(\beta_{\mathrm{m}}-\beta_{\mathrm{s}})] \tag{2-30}$$

由式(2-30)可知，热输出的大小除了与应变片本身的性能及环境温度的变化有关外，还与被测试件材料的线膨胀系数有关，就是说，同样的应变片用在线膨胀系数不同的材料上，热输出值就不一样。

实际上，影响热输出的还有另外一些因素，如黏结剂和基底材料的性能等。作为主要因素，式(2-30)可以提供分析应变片热输出的手段。

如果将相同型号及批次的两应变片分别贴在线膨胀系数为 β_{m1} 被测材料试件和线膨胀系数为 β_{m2} 已知标准试件（如溶凝石英或硅酸钛，它们的线膨胀系数 β_{m2} 值在室温时接近于零）上，两个应变片接成半桥线路（图 2-20），将被测材料试件与标准试件放在同一均匀的温度场内，在要测量的温度范围 Δt 内作升温（或降温）试验，则指示应变 ε_i 为：

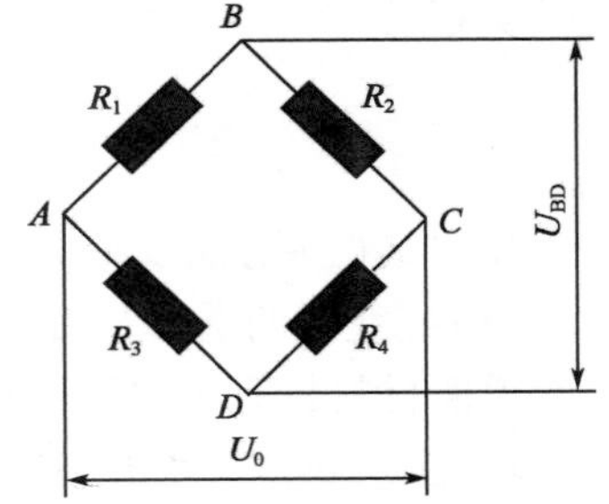

图 2-20　两个相邻臂工作的半桥线路
$R_1=R_2=R_3=R_4=R$；R_1-测量应变片，贴在被测试件上；R_2-补偿应变片，贴在标准试件上

$$\varepsilon_i=\varepsilon_{\mathrm{t1}}-\varepsilon_{\mathrm{t2}}=\frac{\Delta t}{K}[\alpha+K(\beta_{\mathrm{m1}}-\beta_{\mathrm{s}})]-\frac{\Delta t}{K}[\alpha+K(\beta_{\mathrm{m2}}-\beta_{\mathrm{s}})]=(\beta_{\mathrm{m1}}-\beta_{\mathrm{m2}})\Delta t$$

可得

$$\beta_{\mathrm{m1}}=\frac{\varepsilon_i}{\Delta t}+\beta_{\mathrm{m2}} \tag{2-31}$$

从指示应变 ε_i 温度范围 Δt 以及已知的标准试件的线膨胀系数可以计算出被测材料在 Δt 范围内的线膨胀系数，β_{m1} 亦即温度收缩系数，当应变仪与应变片的灵敏系数不同时，还需要对指示应变进行修正。

曾用该方法成功地测量铂、钨、铜等材料由 －50℃ 至 175℃ 的线膨胀系数及某些合金的薄板由 －196℃ 至室温的线膨胀系数。

2. 测试与计算

将被测试件烘干、除去水分后接入电路中,在恒温箱中于一定初始温度(如60℃)下恒温(图2-21),待应变仪读数稳定后,记录全部测点的应变初始读数,然后开始按一定的温度间隔(如5℃或10℃)降温。到达所需温度并且应变仪读数稳定后,读取各测点的应变值,再往下一温度降温,如此循环测定,一直测到所要求的最低温度为止。

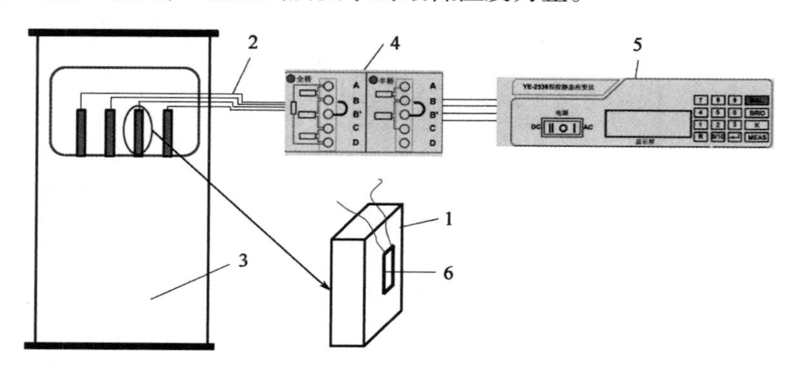

图2-21　温度收缩系数测定装置

1-被测试件;2-导线;3-恒温箱;4-电阻平衡箱;5-应变仪;6-电阻应变片

温度收缩系数是指单位温度变化条件下材料的线膨胀系数。若每一温度区间(如从 t_i 至 t_{i+1})测定的材料温度收缩应变相应为 ε_i 和 ε_{i+1},则该区间的平均温度收缩系数 $\bar{\alpha}$ 为:

$$\bar{\alpha} = \beta_{\mathrm{ml}} = \frac{\varepsilon_{i+1} - \varepsilon_i}{t_{i+1} - t_i} \tag{2-32}$$

3. 测试误差分析及修正

(1)应变片的选择与安装

道面材料具有非匀质性和不完全密实性,测试中应选用长标距应变片,以测出较长范围内的平均应变。同时,考虑到通常所用静态电阻应变仪的测量桥是按标准阻值的等臂电桥设计,所以应选取与应变仪标准电阻阻值相同的应变片。如果应变片阻值不同,应变仪读数必须按照使用说明书中给出的修正曲线加以修正。此外,由于试验的测试精度要求较高,所以应当选用箔式应变片。箔式应变片横向效应小,工作特性分散度小,横向效应对测量精度的影响可以不予考虑。

另外,贴片的好坏直接影响测量精度。为了保证贴片质量,试验时应严格按照贴片、防水、防潮和贴片胶干固程序执行。并且尽可能地提高应变片与被测试材料之间的绝缘电阻值,以减小泄漏电流。这也是保证测试精度的关键之一。

(2)灵敏系数对测量结果影响的修正

试验采用的应变仪灵敏系数 $K_{仪}$ 相对固定,而实际使用应变片的灵敏系数 $K_{片}$ 一般有出入,即 $K_{仪} \neq K_{片}$。此时,对应变仪的应变测读值 ε_0 要进行修正。修正后的测读值 $\varepsilon_{实}$ 可按下式计算:

$$\varepsilon_{实} = \frac{K_{仪}}{K_{片}} \varepsilon_0 \tag{2-33}$$

式中:$K_{仪}$——应变仪灵敏度系数;

$K_{片}$——应变片的灵敏度系数；

ε_0——该应变仪灵敏系数下的测读应变值。

（3）导线的选择与布置

应变片引出导线产生的热输出是引起现场测量不稳定的重要原因之一。引出导线的布置和路径选择应该是使温度和湿度通过导线产生的零点漂移最小，并且应变仪能调到统一的平衡点。对于同一台应变仪所接用应变片的导线的种类、规格、长度和引线路径均需力求相同。应以应变仪一端为准，将全部导线拉齐绑扎成束穿入钢管或采用多股电缆，沿干燥、温度较恒定的路径引至被测试件。无论测点多么分散，均不能将导线剪短。试验可采用双线制布线，选用单股线、平行胶合双股线或绞合双股线均可。切记不能在同一仪器内将各种线混合使用。因为只有线种相同，其间分布电容才能大体相符，桥臂的分布电容之差将接近于零。这样测量时，测量片和补偿片导线的温度和湿度变化可以基本一致，由引出导线产生的热输出可以被互相抵消。

二、路面材料干燥收缩系数测定

1. 干燥收缩系数的定义

半刚性材料的干燥收缩是由于其内部含水率的变化而引起整体宏观体积收缩的现象。

干燥收缩系数是指单位含水率改变时半刚性材料的应变值。取每两次测定的含水率 w_i、w_{i+1}及应变修正读数，ε_{di}、ε_{di+1}，则干燥收缩系数 α_d 为：

$$\alpha_d = \frac{\varepsilon_{di+1} - \varepsilon_{di}}{w_{i+1} - w_i} \tag{2-34}$$

将 α_d 近似认为是在含水率 w_{i+1}与 w_i 之间的干燥收缩系数，即用其平均值代替真值。

2. 测量桥路设计

该试验采用两相邻臂工作的半桥线路如图 2-22 所示，测量片和补偿片分别接上同种规格、同一厂家、同批生产的应变片，以保证应变栅的电阻温度系数 $\alpha_{栅}$、线膨胀系数 $\beta_{栅}$、电阻以及灵敏系数 K 相同，可以使产生的热输出相互抵消。当工作时，电桥的桥臂 R_1、R_2 有电阻增量 ΔR_1、ΔR_2，而 R_3 和 R_4 臂为固定电阻 $R(\Delta R_3 = \Delta R_4 = 0)$，此时半桥输出电压为：

$$U_{BD} = \frac{U_0}{4}\left(\frac{\Delta R_1}{R_1} - \frac{\Delta R_2}{R_2}\right) \tag{2-35}$$

当被测试件干燥收缩并有温度变化时，应变片 R_1 的电阻变化率为：

$$\frac{\Delta R_1}{R_1} = \left(\frac{\Delta R_1}{R_1}\right)_s + \left(\frac{\Delta R_1}{R_1}\right)_t \tag{2-36}$$

式中：$\left(\frac{\Delta R_1}{R_1}\right)_s$——$R_1$ 由于干燥收缩应变引起的电阻变化率。

而补偿应变片 R_2 则只有温度变化引起的电阻变化率 $\left(\frac{\Delta R_2}{R_2}\right)_t$，即：

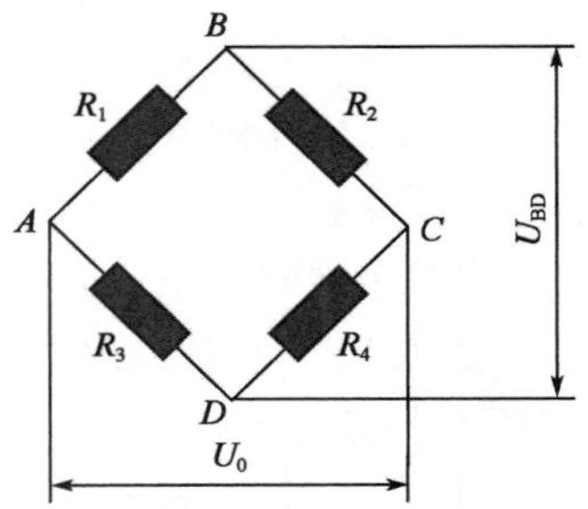

图 2-22　两个相邻臂工作的半桥线路 $R_1 = R_2 = R_3 = R_4 = R$；$R_1$-测量应变片，贴在被测试件上；$R_2$-补偿应变片，贴在与被测试件材质相同的不受力的补偿件上，它不产生干燥收缩应变，仅对热输出进行补偿

$$\left(\frac{\Delta R_2}{R_2}\right) = \left(\frac{\Delta R_2}{R_2}\right)_t \tag{2-37}$$

R_1 和 R_2 应该处于相同的温度场中，即：

$$\left(\frac{\Delta R_1}{R_1}\right)_t = \left(\frac{\Delta R_2}{R_2}\right)_t \tag{2-38}$$

所以，按式(2-35)得电桥的输出电压为：

$$U_{BD} = \frac{U_0}{4}\left(\frac{\Delta R_1}{R_1} - \frac{\Delta R_2}{R_2}\right) = \frac{U_0}{4}\left[\left(\frac{\Delta R_1}{R_1}\right)_s + \left(\frac{\Delta R_1}{R_1}\right)_t - \left(\frac{\Delta R_2}{R_2}\right)_t\right] = \frac{U_0}{4}\left(\frac{\Delta R_1}{R_1}\right)_s \tag{2-39}$$

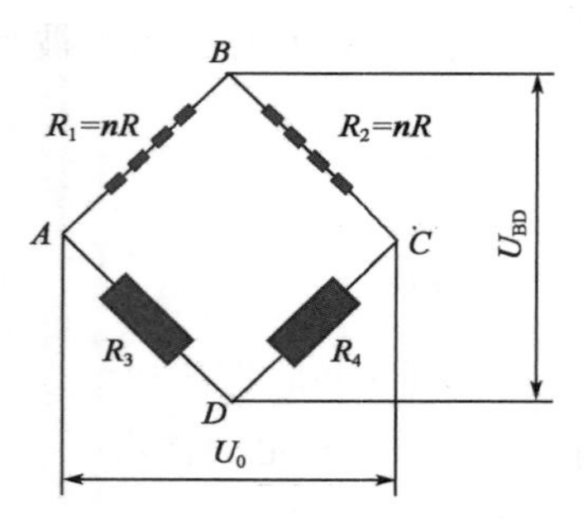

图 2-23 串联式半桥测量线路 $R_1 = R_2 = nR$；$R_3 = R_4 = R$；R_1-测量应变片；R_2-补偿应变片

可见在常温测量中桥路补偿法，可以消除温度的影响，减少测量误差。

为了提高测量精度，试验中采用串联式半桥连接，即将测量应变片和相邻臂的补偿应变片分别串联起来接入测量桥臂（图 2-23），串联时的输出电压 U_{BD} 与单片工作时完全相同，见式(2-39)，但串联接线后桥臂的应变为被测试件的平均应变值。本试验考虑到被测试件尺寸，n 取 4。

采用输出端对称（即 $R_1 = R_2 = nR$；$R_3 = R_4 = R$）可使相邻臂的电阻发生等量变化时，电桥的平衡不受破坏，由前面推导公式(2-39)可以看出，利用这个性质可以消除应变片及引出导线随温度变化产生的热输出。

3. 半刚性材料干燥收缩测试

被测材料的试件是按规定由静压法在其最大干重度和最佳含水率下成型为 4cm × 4cm = 16cm² 小梁。并将制好的试件，横放入 1.5cm 左右水中，表面各毛细饱水 1h。饱水完毕后将试件接入应变仪半桥电路中，放入 40℃ 的恒温箱中恒温 2h。再将各测点应变指示读数全部调零，开始测试干燥收缩及相应含水率。从开始测试算起，每 2h 测一次应变值和相应含水率，48h 后，每 4h 测一次。直到连接 3 次测定含水率不再变化时为止。

干燥收缩系数 α_d 由计算公式(2-34)求得。

4. 干燥收缩系数测试误差分析及修正

引起干燥收缩系数应变测量误差的主要因素同温度收缩系数应变测量误差基本一致。包括应变片的选择与安装、应变仪测量桥的组合方式、引出导线的选择与布置、温度变化引起的热输出、导线电阻的影响、灵敏系数的影响等。

(1)应变片的选择与安装

由于该试验测试所研究的半刚性路面材料具有非匀质性和不完全密实性，选用长标距应变片，以测出较长范围内的平均应变。同时考虑到所用 YJB-1A 静态电阻应变仪的测量桥是按标准值为 120Ω 的等臂电桥设计、刻度，所以相应选取阻值为 120Ω 的应变片 BQ120-40AA。如果应变片阻值系数不为 120Ω，应变仪读数必须按照使用说明书中给出的修正曲线加以修正。此外由于该试验的测试精度要求较高，所以选用箔式应变片，该应变片横向效应、工作特性分散度小，横向效应对测量精度的影响可以不修正。

另外贴片的好坏直接影响测量精度，为了保证贴片质量，试验时应严格按照贴片、防水、防潮和贴片胶干固程序执行。并尽可能地提高应变片与测材料之间的绝缘电阻值，以减小泄漏电流，也是保证测试精度的关键之一。

(2)灵敏系数对测量结果影响的修正

由于该试验采用的应变仪灵敏系数 $K_{仪}=2.00$ 固定，而实用应变片的灵敏系数 $K_{片}=2.26$，$K_{片}\neq K_{仪}$，测读值要按式(2-40)进行修正。

$$\varepsilon_{实}=\frac{K_{仪}}{K_{片}}\varepsilon_0 \tag{2-40}$$

式中：ε_0——应变仪灵敏系数为2.00时的测读应变值；

$\varepsilon_{实}$——$K_{片}$值修正后的测读应变。

(3)引出导线的选择与布置

引出导线产生的热输出是引起现场测量不稳定的重要原因之一。

应变片引出导线布置和路径选择可参考路面材料温度收缩系数测定时的处理方法。

(4)环境温度变化对应变测试结果影响

由于该试验是常温测量，环境温度变化对测量结果影响较大，采用桥路补偿法进行温度补偿。根据测量桥路设计，采用空设应变片法可以实现对热输出进行补偿，详见测量桥路图2-22设计。

对半刚性路面材料干燥收缩系数的测试技术进行深入分析，明确干燥收缩系数测试原理，提高其系统测试精度，这将为半刚性基层材料干燥收缩系数变化规律的研究提供可靠测试依据。该测试技术还可以应用于其他一些材质相似的材料干燥收缩应变测量中。

第六节　材料弹性模量测定方法

几乎所有的金属与合金的弹性模量都随温度而变化，一般弹性模量随温度的变化$(\Delta E/E)/\Delta t$是负值，不同的材料，此值相差很大。对于同一种材料，机械加工与热处理不同时此值也不完全相同。传感器弹性元件的弹性模量随温度而变化会影响传感器的精度，因此，对于高精度的传感器，要测量出其弹性元件的弹性模量随温度的变化数值，以便设法消除或计算它对传感器精度的影响。

可以用电阻应变片测量金属材料的弹性模量随温度的变化规律，现将测量方法和测量原理叙述如下：

将被测材料制成拉伸试件，横截面积为 A，在试件表面沿轴向方向粘贴应变片，安装在带有加温炉的试验机上，如图2-24所示。

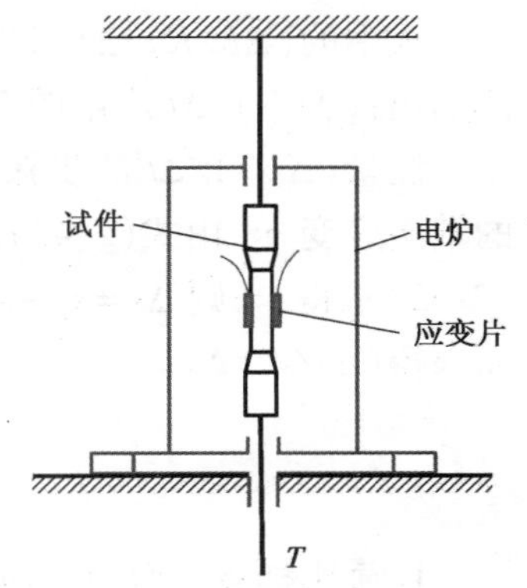

图2-24　弹性模量随温度的变化测量装置图

在弹性范围内，对试件加轴向力 T，由电阻应变片测得轴向应变为 ε，试件材料的弹性模量为：

$$E=\frac{\sigma}{\varepsilon}=\frac{T}{A\varepsilon} \tag{2-41}$$

用符号 s 表示电阻应变片对荷载的灵敏度，即单位荷载下的电阻变化率为：

$$s=\frac{\frac{\Delta R}{R}}{T}=\frac{K\varepsilon}{T} \tag{2-42}$$

将式(2-41)变换为$\frac{\varepsilon}{T}=\frac{1}{AE}$，并代入上式，得：

$$s=\frac{K}{AE} \tag{2-43}$$

对式(2-43)两边求导：

$$\frac{\mathrm{d}s}{s}=\frac{\mathrm{d}K}{K}-\frac{\mathrm{d}A}{A}-\frac{\mathrm{d}E}{E}$$

弹性模量的变化率为：

$$\frac{\mathrm{d}E}{E}=\frac{\mathrm{d}K}{K}-\frac{\mathrm{d}A}{A}-\frac{\mathrm{d}s}{s} \tag{2-44}$$

上式中的$\frac{\mathrm{d}E}{E}$为温度变化 Δt 时的数值。温度变化 1℃时，弹性模量的变化率为：

$$\frac{\mathrm{d}E/E}{\Delta t}=\frac{\mathrm{d}K/K}{\Delta t}-\frac{\mathrm{d}A/A}{\Delta t}-\frac{\mathrm{d}s/s}{\Delta t} \tag{2-45}$$

用增量形式表示为：

$$\frac{\Delta E/E}{\Delta t}=\frac{\Delta K/K}{\Delta t}-\frac{\Delta A/A}{\Delta t}-\frac{\Delta s/s}{\Delta t} \tag{2-46}$$

假如试件的线膨胀系数为 β，则$(\Delta A/A)/\Delta t=2\beta$，代入式(2-46)为：

$$\frac{\Delta E/E}{\Delta t}=\frac{\Delta K/K}{\Delta t}-2\beta-\frac{\Delta s/s}{\Delta t} \tag{2-47}$$

式中的$(\Delta K/K)/\Delta t$ 可以由应变片性能试验求得；β 的数据由生产厂提供或用本节所述方法测出；$(\Delta s/s)/\Delta t$ 应由图 2-24 的试验装置测量得到。

测量$(\Delta s/s)/\Delta t$ 的步骤为：首先对试件加轴向力 T，根据应变片的灵敏系数 K_1 和测量得到的轴向应变 ε_1，由式(2-42)求得 s_1，然后加温 Δt，测得轴向应变 ε_2，根据温度 t_2 下的 K_2，由式(2-42)求得 s_2，则 $\Delta s=s_2-s_1$，这样就可以求得$(\Delta s/s)/\Delta t$。也可以用精密电桥测量 $\Delta R/R$，从而求得$(\Delta s/s)/\Delta t$。

思考题与习题

1. 简述机场道面测试的目的。
2. 机场道面测试方法有哪些特点？
3. 道面非破损测试方法的主要特点有哪些？

4. 按敏感元件材料划分，应变片可分为哪两种？

5. 应变片选用的原则是什么？

6. 应变仪的组成和作用是什么？

7. 图 2-25 是粘贴于拉伸试件上的 4 枚相同的应变片，a)、b)、c)、d)是 4 种可能的接法（R 为固定电阻）。试求 b)、c)、d)三种接法的电桥输出电压对于接法 a)输出电压的比值（不计温度效应）。

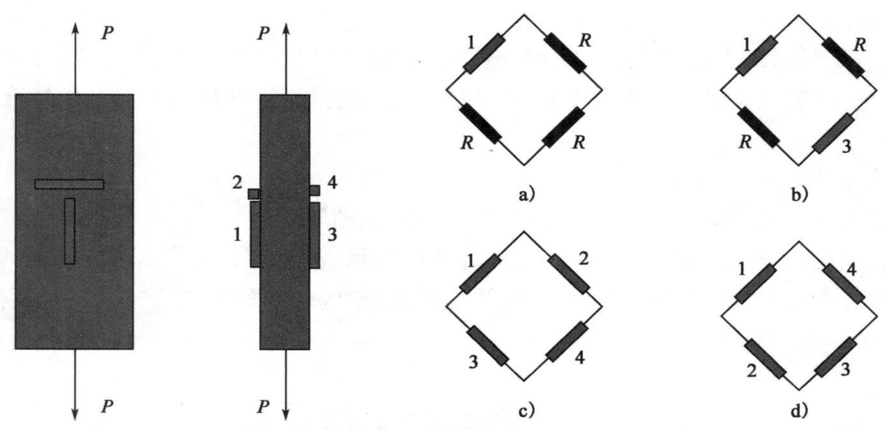

图 2-25　拉伸试件上的应变片

8. 图 2-26 所示的悬臂梁已粘贴好 4 枚相同的应变片，在力 P 的作用下，应怎样接成桥路才能分别测出弯曲应变和压应变（不计温度效应，桥臂可接入固定电阻）？

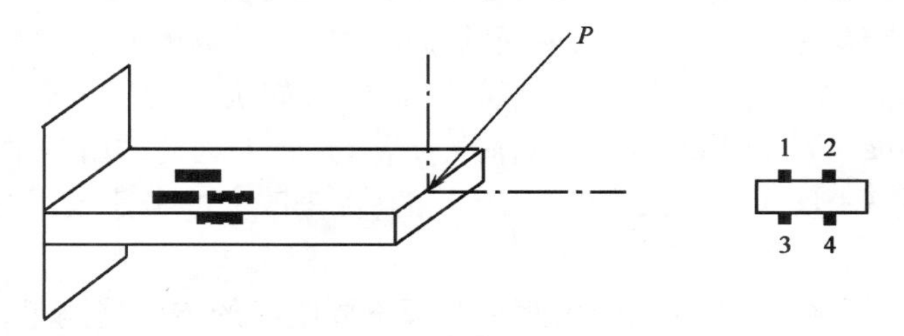

图 2-26　悬臂梁上的应变片

9. 一块水泥混凝土道面板，在板中、板边中点和板角上作用一个圆形均匀荷载（图 2-27），应如何进行应变片的粘贴，并进行电桥设计，可以测试出道面板的最大弯拉应力？

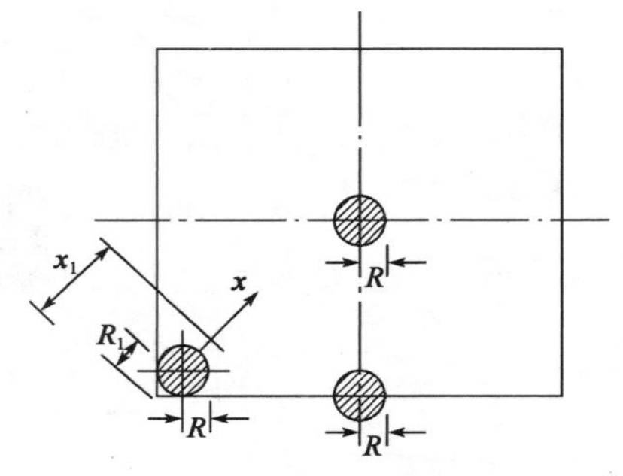

图 2-27　道面板荷载作用位置示意图

第三章　道面非破损测试技术

非破损测试是对现有道面结构进行非破坏性试验,可以利用许多设备和数据分析方法。在大多数情况下,被用来评定道面的结构和功能。通过测试所得到数据进行分析计算,完成下面的任务。

(1)现有道面承载能力评定。

(2)提供原有道面结构层材料的性能,用于维修、加铺等。

(3)道面各部分相互比较,确定道面结构各地段的承载力状态,区分出最好和最差地段。

(4)提供结构性能数据,补充机场管理的维护系统中的道面条件状况,如道面结构指数(PCI)、道面破损指数 L 等。

第一节　非破损试验过程

使用静态和动态的设备的非破损试验(NDT)对提供道面的基层特性方面是非常有用的,特别在道面的支承条件和强度方面。运用该信息可以进行修补和新建道面的最优方案的确定。

应用静态和动态试验设备测量道面表面的弯沉。通过承载板上作用振动和冲击荷载得到道面表面的弯沉。对于振动设备,振动荷载靠旋转产生,如旋转的质量等。对于冲击荷载,如落锤式弯沉仪(Falling Weight Deflectometer,简写 FWD),其振动荷载由一个质量自由落体作用在橡胶弹簧上,如图 3-1 所示。靠改变落锤质量和高度来改变冲击荷载,类似于飞机主起落架上一个机轮的作用。

对于冲击和振动设备,道面的响应由距承载板不同距离的传感器测量,如图 3-2 所示。对于静态设备,如贝克曼梁,货车和其他车辆荷载作用下的回弹弯沉进行测量。特别地,回弹弯沉的测量只在荷载作用处,不能快速地测量其他地方的传感器。

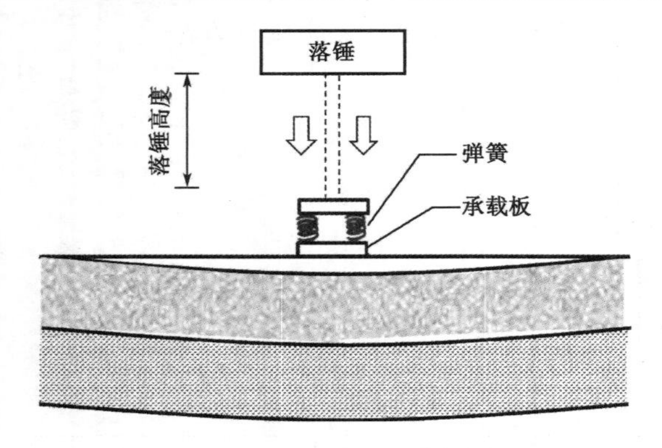

图 3-1　由 FWD 产生的冲击荷载

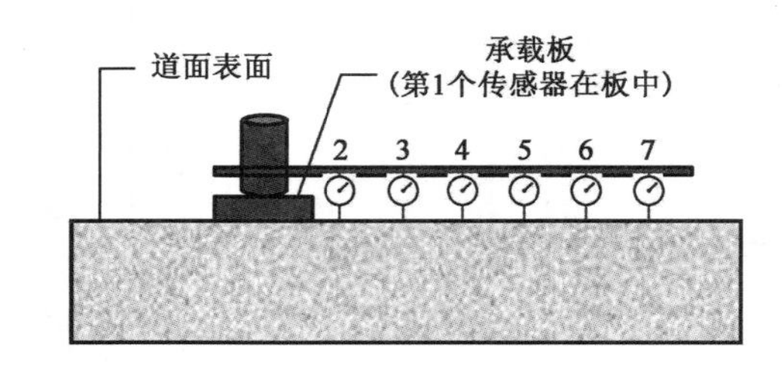

图 3-2　传感器距承载板的径向距离

道面刚度和传感器响应。在现场的 NDT 设备测量荷载作用在道面板时，道面的响应数据提供了道面强度信息。在承载板和最远处传感器，图 3-2 中的传感器 1～7 的原始数据反映了道面和土基的刚度。虽然这些信息不能提供道面每一层的强度，它快速提供道面的全部强度和不同道面部位的强度的相对关系（如跑道、滑行道、停机坪等）。

道面刚度的定义为承载板的中心的动荷载除以道面的弯沉。对于冲击和振动设备，刚度的定义为荷载除以承载板的最大弯沉。对于冲击和振动设备的冲击，刚度模量和振动刚度模量分别按下式定义：

$$\mathrm{I(D)SM} = \frac{L}{d_0} \tag{3-1}$$

式中：I(D)SM——冲击和振动刚度模量（MN/m）；

L——作用的荷载（MN）；

d_0——承载板的最大弯沉（m）。

在荷载作用在道面表面后，图 3-1、图 3-2 中的传感器可以测出弯沉，形成弯沉盆。图 3-3 显示了 FWD 作用影响的范围，测量弯沉盆传感器的相对关系。从单个传感器不能获取道面结构信息，弯沉盆面积可用来反映道面结构各个层的信息。

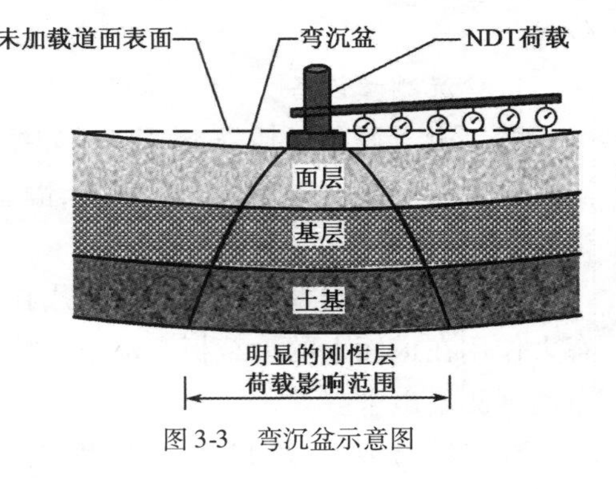

图 3-3　弯沉盆示意图

弯沉盆的形状是由作用在道面上荷载响应决定的。荷载作用位置的弯沉最大，距离越远弯沉越小。通常，在同样的荷载作用下道面结构强度弱的弯沉比结构强度高的弯沉大。然而，弯沉盆的形状与各个层有关。

为了说明测量弯沉盆的重要性，图 3-4 对比了 3 个道面的弯沉盆。道面 1 是水泥混凝土，道面 2 和 3 是热拌沥青混凝土。由于水泥混凝土道面刚度大，水泥混凝土道面在更大的范围内分配荷载，最大弯沉值比其他两种道面小。虽然道面 2 和 3 在承载板部分有同样的变化值和最大弯沉值，但在其他部分不同，原因是有不同的基层和土基强度。

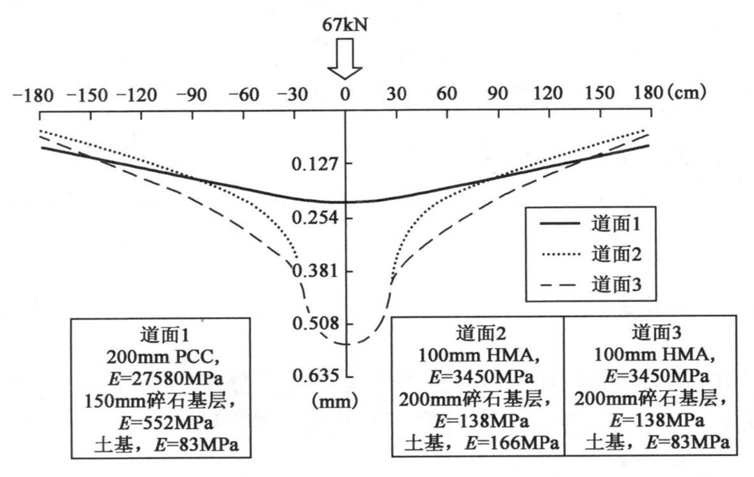

图 3-4　三种道面弯沉盆对比

除了每一层材料特性外,其他因素也会影响弯沉盆。内部和外部的刚度层,试验时 HMA 的温度,每一层的含水率,水泥混凝土道面的翘曲和弯曲都会影响弯沉盆。在评定过程中,一个组成部分是分析 NDT 数据评估每一层和土基的特性。

NDT 数据的使用。有许多方法使用 NDT 获取如道面损坏原因分析、道面评价、进行强度设计的道面特性。工程师可用定性和定量评价 NDT 的数据。

第二节　非破损试验设备

NDT 试验设备包括弯沉和非弯沉试验设备。弯沉试验设备可分为静态和动态设备。根据施加荷载类型,动态荷载设备可按施加力进一步划分,如振动和冲击荷载。非弯沉测量设备试验,包括探地雷达、红外热成像、动态锥形透度计及测量表面摩擦、粗糙度和表面波的仪器。

1. 弯沉测量设备

弯沉测量设备包括静态、稳态(如振动)和冲击荷载装置。静态试验装置可在静载作用下测量一个点。相对于其他测量装置,静态测量慢且费力。静态装置的示例为贝克曼梁和承载试验。

振动时产生的稳态的振动力作用在道面上,如图 3-5 所示。正如图 3-5 所示,有很小的静态力作用在道面上的承载板。动载力按预先的频率作用在道面上引起道面响应。道面的弯沉由速度测量出来。

冲击试验装置,如 FWD 或重型落锤弯沉仪,通过落锤的自由落体作用在道面上的一组橡胶弹簧板,如图 3-6 所示。图中 *A* 到 *B* 的时间为落锤提升到指定位置。动荷载的大小由锤质量和落锤高度决定。

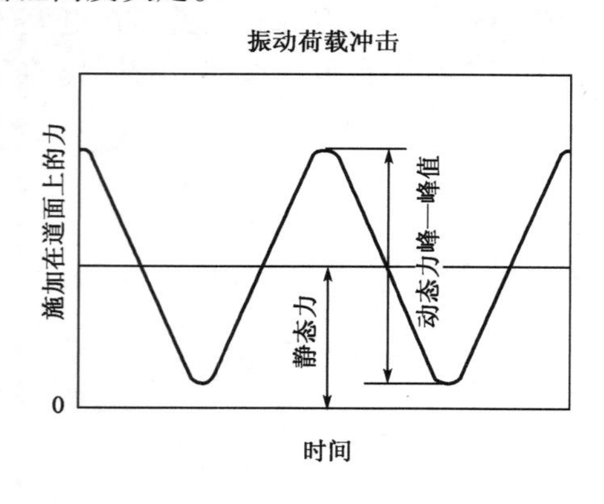

图 3-5　NDT 振动时静态力和动态力

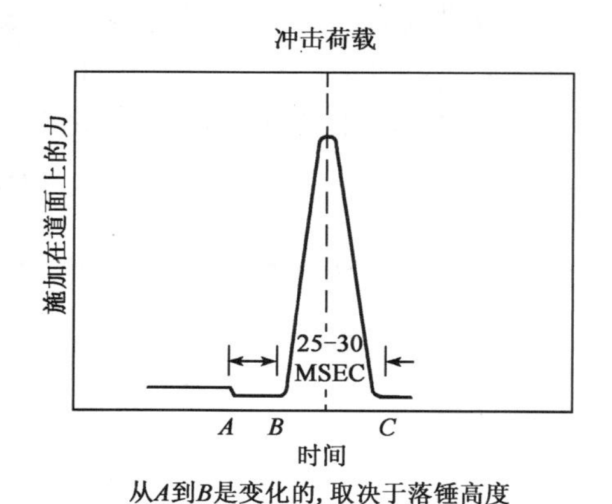

图 3-6　NDT 设备冲击的峰值时间

产生的弯沉由速度传感器、加速度计或线性变化的差分传感器(LVDT)测量。表 3-1 提供目前国外使用和生产的静态、动态和冲击设备的概要。应用最广泛的是冲击设备,NDT 被广泛地使用在机场、公路、港口的道面试验中。

非破损试验设备概要　表 3-1

类型	设　备	生产厂家	荷载范围（kN）	荷载作用方式	传感器数量	传感器的布置范围（cm）
静态	Benkleman Beam（贝克曼梁）	Soiltest Inc.	加载设备	载重货车或飞机	1	N/A
	La Croix Deflectograph	Switzerland	加载设备	载重货车	1	N/A
	Plate Bearing Test	Several，ASTM D1196	加载设备	载重货车	1	N/A
振动	Dynaflect	Geolog，Inc.	5	直径 40cm 钢轮	4	可变，0 ~ 120
	Road Rater	Foundations Mechanic，Inc.	2 ~ 35	直径 45cm 板	4 ~ 7	可变，0 ~ 120
	WES Heavy Vibrator	U. S. Corps of Engineers	2 ~ 130	直径 30 ~ 45cm 板	5	可变，0 ~ 120
静态	Benkleman Beam（贝克曼梁）	Soiltest Inc.	取决交通工具	载重货车或飞机	1	N/A
	La Croix Deflectograph	Switzerland	取决交通工具	载重货车	1	N/A
	Plate Bearing Test	Several，ASTM D1196	取决交通工具	载重货车	1	N/A
振动	Dynaflect	Geolog，Inc.	5	240cm 直径钢轮	4	范围，0 ~ 120
	Road Rater	Foundations Mechanic，Inc.	2 ~ 35	45cm 直径板	4 ~ 7	范围，0 ~ 120
	WES Heavy Vibrator	U. S. Corps of Engineers	2 ~ 130	30 ~ 45cm 直径板	5	范围，0 ~ 120
冲击	Dynatest FWD	Dynatest Engineering	7 ~ 240	30 ~ 45cm 直径板	7 ~ 9	V 范围，0 ~ 120
	Dynatest HWD	Dynatest Engineering	27 ~ 240	30 ~ 45cm 直径板	7 ~ 9	范围，0 ~ 240
	JILS FWD	Foundation Mechanics，Inc.	7 ~ 107	30 ~ 45cm 直径板	7	范围，0 ~ 240
	JILS HWD	Foundation Mechanics，Inc.	27 ~ 240	30 ~ 45cm 直径板	7	范围，0 ~ 240
	KUAB FWD	KUAB	7 ~ 150	30 ~ 45cm 直径板	7	范围，0 ~ 180
	KUAB HWD	KUAB	13 ~ 294	30 ~ 45cm 直径板	7	范围，0 ~ 180
	Carl Bro FWD	Carl Bro Group	7 ~ 150	30 ~ 45cm 直径板	9 ~ 12	范围，0 ~ 250
	Carl Bro HWD	Carl Bro Group	7 ~ 250	30 ~ 45cm 直径板	9 ~ 12	范围，0 ~ 250
	Carl Bro LWD	Carl Bro Group	1 ~ 15	30 ~ 45cm 直径板	9 ~ 12	范围，0 ~ 100

注：上述提及的设备仅供了解信息。

2. 非弯沉测量设备

从非弯沉测量设备采集的数据可以补充弯沉测量设备测量的数据，并为道面分析提供有价值的信息。虽然从 NDT 测得的弯沉数据对道面能力和条件的评定是主要的，但下面非弯沉测量设备也是有用的。

（1）敏锐的探地雷达（Ground-Penetrating Rudar，GPR）。GPR 普遍的用途是测量道面层的厚度，确定脱空范围，检查结构中过渡的水，明确地下的效用，调查道面层之间的分层情况。

(2)表面波的光谱分析(Spectrat Analysis of Surface Waves,SASW)。SASW 设备提供的数据可以补充 NDT 的数据。不同于 NDT 设备,它能作用在道面上更高的荷载,SASW 设备由小型便携单元组成,通过低应变瑞利波评定道面。通过评估这些数据可计算道面层的近似厚度、各层的弹性模量,并与用 NDT 计算道面层的近似厚度和弹性模量进行比较。

(3)红外热成像法(Infrared Thermography,IR)。IR 数据最普遍的应用之一是确定沥青层间发生分离。

(4)摩擦特性。有几种类型的设备用来测试道面的摩擦。最普遍的几种机场摩擦试验装置详见第四章。

(5)光滑特性。有几种类型的设备用来收集道面的表面剖面数据,确定飞机滑行、起飞、着陆的响应。

(6)动态锥形计(Dynamic Cone Penetrometer,DCP)。DCP 是设备的另一个部分补充 NDT 数据。如果通过道面的数据检验 HMA 和水泥混凝土的厚度,DCP 能帮助评定基层、底基层和土基的刚度。打击锥形杆通过每一层每一英寸的数量被记录下来。这些数据提供层的类型和层内的信息。

NDT 设备的普遍要求。如果弯沉测量仪用来道面研究,应该先评定工程要求。为了提供具有意义的结果,应该考虑设备的几种要求。NDT 的结果将取决于几个因素,如试验计划的质量,试验程序和数据处理过程,这将在本章后面介绍。

3. 静态试验设备

最普通的静态试验装置是贝克曼梁。贝克曼梁测量如卡车和飞机静态荷载下的弯沉。卡车的标准质量为 18000lb(8165kg),或者是单轴双轮。我国公路采用后轴标准轴载 $P=(100\pm1)$kN,一侧双轮荷载为(50 ± 0.5)kN,轮胎充气压力(0.70 ± 0.05)MPa。梁的尖端放在双轮之间,随着货车从梁的位置移开后的回弹弯沉被测量。优点是简单,有大量的历史设计过程的数据。缺点是试验时间长,与现代设备相比缺乏可重复性。贝克曼梁不能提供弯沉盆进行道面层模量的反算。贝克曼梁试验装置如图 3-7 所示。

4. 振动设备

振动设备包括:Dynaflect 和 Road Rater。

(1)Dynaflect。Dynaflect 如图 3-8 所示,是一个测量弯沉的机电设备。安装在两轮的拖车上,当测量时被固定住。振幅为 5kN 的正弦荷载以固定频率 8Hz 通过橡胶包裹的钢轮作用在道面上。反向旋转的质量使道面产生正弦波的弯沉被速度传感器记录下来。

图 3-7　贝克曼梁

图 3-8　振动弯沉拖车

Dynaflect 的优点是高可靠、低维护,可以测得弯沉盆。主要缺点是动荷载范围小,尤其是小于标准飞机荷载。轻荷载不能产生重飞机的弯沉,反算土基模量时可能不准确。因此,这种设备被推荐适用于质量小于 5670kg 飞机使用的机场道面。

(2)Road Rater。Road Rater 如图 3-9 所示,测量靠水力加速的钢块产生的正弦波力测量的弯沉。几种方式可使峰值之间的荷载由低值(2kN)到高值(35 kN)。承载板中心和距中心的 4 ~7 个速度传感器的道面响应被测量。Road Rater 可以测量弯沉盆和宽频率的动响应。它有一个快速数据获取系统,它的广泛使用导致大量道面响应数据的有效性。缺点是某些型号的 Road Rater 具有低振幅力。

图 3-9　Road Rater

5. 冲击装置

这种装置使用自由落体质量冲击道面上橡胶弹簧产生冲击荷载测量弯沉。冲击荷载的大小和弯沉值被记录。这类装置分为两种类型:落锤式弯沉仪(FWD)和重型落锤式弯沉仪(Heavy-Falling Weight Deflectometer,HWD)。当产生的最大冲击荷载大于 150kN 时,大多数冲击装置称为 HWD。

有很多 FWD 和 HWD 的生产厂家,包括 KUAB America, Dynatest Group, Phoenix Scientific, Inc., Foundation Mechanics, Inc., and Viatest。这些冲击装置具有弯沉测量设备的共同优点。认为 FWD 和 HWD 能更好地模拟移动荷载,能够测量弯沉盆,快速地数据获取,只需作用在道面表面上小的预加荷载。这些装置的缺点是很小的,更多与整个系统有关,不同的类型设备中采用不同的脉冲时间。表 3-2 为不同类型冲击设备的技术规格。

不同类型冲击设备的技术规格　　表 3-2

生产厂家	Dynatest	Foundation Mechanics, Inc.	KUAB	Carl Bro Group
荷载范围(kN)	7 ~240	7 ~240	7 ~300	7 ~250
荷载持续时间(ms)	25 ~30	可选	56	25 ~30
荷载提升时间(ms)	可变	可选	28	12 ~15
加载荷载方式	单个质量	两个质量	单个质量	单个质量
承载板类型	具有橡胶垫或分离的刚性板	具有橡胶垫的刚性板	具有分离或不分离的橡胶垫	具有橡胶垫的四块分离板
承载板直径(cm)	30 ~45	30 ~45	30 ~45	30 ~45
弯沉传感器类型	具有动态或非动态校准设备的地震检波器	地震检波器	具有静态校准设备的地震检波器	具有动态或非动态校准设备的地震检波器
弯沉传感器的位置(cm)	0 ~225	0 ~240	0 ~180	0 ~250
传感器数量	7 ~9	7	7	9 ~12
弯沉传感器测量范围(mm)	2 或 2.5	2	5	2.2

续上表

生产厂家	Dynatest	Foundation Mechanics, Inc.	KUAB	Carl Bro Group
Deflection Resolution	1 im (0.04 mils)	1 im (0.04 mils)	1 im (0.04 mils)	1 im (0.04 mils)
弯沉传感器的相对精度	2μm ±2%	2μm ±2%	2μm ±2%	2μm ±2%
要求的试验时间(4种荷载)	25s	30s	35s	20s
计算机类型	个人计算机	个人计算机	个人计算机	个人计算机

第三节　试验方法

一、荷载加载位置

在道面研究中有几种试验方法。对所有道面,最普遍的方法是中心试验。对于有接缝的水泥混凝土、在水泥混凝土道面上加铺的沥青道面,试验是在水泥混凝土板中心。对于沥青混凝土道面,远离裂缝的轮迹中心。中心试验主要是从弯沉盆采集弯沉数据被用来评估道面和土基的强度。

对于有接缝的水泥混凝土、在水泥混凝土道面上加铺的沥青道面,还有其他几种方法了解道面的特性。所有的水泥混凝土道面有接缝和大多数在水泥混凝土道面上加铺的沥青道面会在水泥混凝土道面接缝处产生反射裂缝。NDT 在接缝的不同位置如图 3-10 所示,能提供飞机荷载和不同气候条件的道面响应。

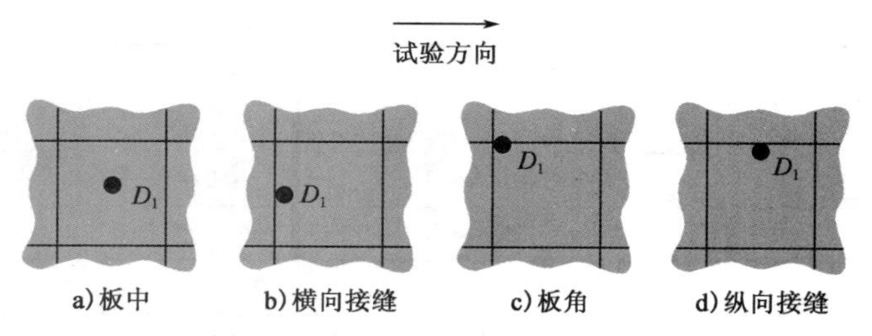

图 3-10　水泥混凝土板 NDT 试验位置

在纵缝和横缝的试验反映了飞机起落架从有受荷板向未受荷板转移的过程,如图 3-11 所示。随着接缝传荷能力的增加,未受荷板应力增大,受荷板弯曲应力减小,道面寿命得到延长。荷载传递的大小取决于多种因素,如道面的温度,传力杆的使用和水泥混凝土道面板下的稳定基层。

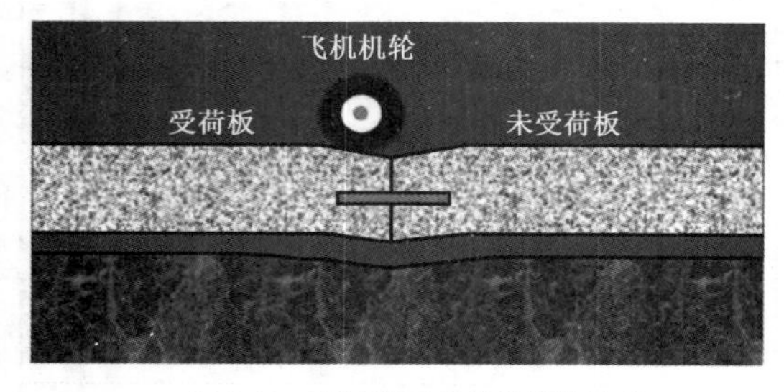

图 3-11　通过道面板接缝荷载传递

板角试验是另一种普通的位置,如图 3-10 所示。这些位置比其他位置容易发生脱空。在板角最易发生脱空或失去支承，因而其弯沉最大。

因此，如果板角损坏就可能有脱空存在。在这种情况下未裂缝板角试验就显得重要。通常，在同一块的板中、板边和板角的试验用来评定不同位置的刚度。

二、试验位置与间距

一旦选择试验设备类型，下一步选择试验位置和每一种试验段的间隔。依靠运行条件和试验类型，NDT 每 8h 可采用 150 ~ 250 个位置的弯沉数据。当 NDT 的试验范围比破损试验（如钻孔）多时，面积、费用和时间之间要进行平衡。

表 3-3 提供了滑行道、跑道试验位置和间距的普遍指导意见。推荐的偏离距离是基于假定水泥混凝土道面纵缝间距大约 6m。偏离距离是指偏离滑行道和跑道中心线的距离。跑道宽度大于 38m，第三个偏离距离为跑道 18 ~ 20m。表 3-4 提供了停机坪试验频率和位置的普遍指导意见。

典型跑道和滑行道试验位置和间距（单位：m）　　表 3-3

试验类型	水泥混凝土道面和水泥混凝土道面中加铺热拌沥青面层				热拌沥青混凝土道面			
	工程级别		网络级别		工程级别		网络级别	
	偏离中心距离（m）	间距（m）	偏离中心距离（m）	间距（m）	偏离中心距离（m）	间距（m）	偏离中心距离（m）	间距（m）
板中	3 9 20	30 30 ~ 60 120	3	60 ~ 120	60 ~ 120	30 30 ~ 60 60 ~ 120	3	60 ~ 120
横缝	3 9 20	30 ~ 60 60 ~ 120 120	3					
纵缝	6 12 18	60 120 120						
板角	6 12 18	60 120 120						

注：对于每个中心线偏离，有两个 NDT 途径，一个是左边，一个是右边，相邻点交叉布置，使每个试验段的试验量最小。

典型停机坪试验位置和频率　　表 3-4

试验类型	水泥混凝土道面和水泥混凝土道面中加铺热拌沥青面层		热拌沥青混凝土道面（m^2）	
	工程级别	网络级别	工程级别	网络级别
板中	每 10 ~ 20 块板 1 个试验点	每 30 ~ 60 块板 1 个试验点	每 600 ~ 1200m^2 面积 1 个试验点	每 1750 ~ 3500m^2 面积 1 个试验点
横缝	每 10 ~ 40 块板 1 个试验点	每 60 块板 1 个试验点		
纵缝	每 20 ~ 40 块板 1 个试验点	每 60 块板 1 个试验点		
板角	每 20 ~ 40 块板 1 个试验点			

三、影响因素

需要考虑天气和气候对 NDT 试验结果的影响。在北方地区,如果基层、底基层和土基发生冰冻,NDT 试验就不能进行。另外,春季融化使道面短时间内强度很弱。虽然可以了解道面在春融时间道面的强度,但它不能反映道面在一年内的典型强度。因此,如果弯沉数据不能不止一次进行采集,应该选择一年内能最好反映道面强度的试验时间。

对于沥青和水泥混凝土道面,除检查裂缝的传荷效能外,不能把 NDT 放在裂缝附近。对于沥青道面,NDT 试验通道,弯沉数据至少距纵向结构接缝 0.5 ~ 1m。

另一个影响因素是板的翘曲。由于板顶和板底的温度不同,板角或板中会脱离基层。图 3-12表示在夜晚板角会提升脱离基层发生翘曲,而板中和接缝中点会在白天提升脱离基层发生翘曲。翘曲的大小主要是取决于接缝间距、板的厚度、板顶和板底的温度变化和基层的刚度。

当进行脱空分析时,不能忽略翘曲。脱空或失去支承会因温度翘曲、湿度翘曲和基层腐蚀而发生。在大多数情况下,如果脱空是因为腐蚀、收缩和膨胀而产生的,工程师就要试图确定。为了这个目的,应该选择在白天和夜晚温度相对不变的时间进行 NDT 试验。

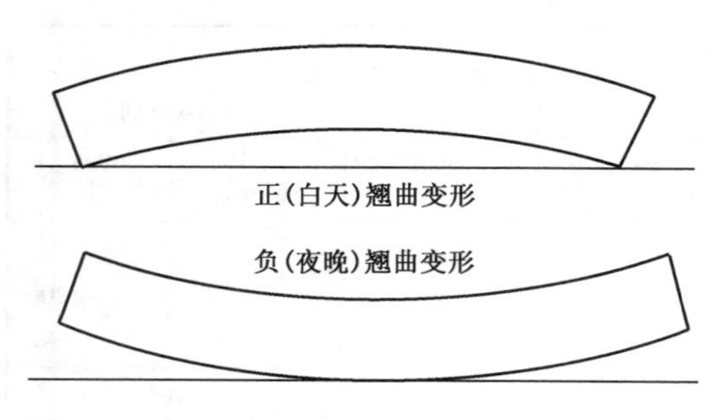

图 3-12　温度变化水泥混凝土板的热翘曲

最后,NDT 试验计划应考虑分析程度的要求,每一个点至少是一个试验方法。脱空分析要求在试验点上至少 3 个以上荷载等级。同样,如果是关于土基应力敏感性分析,需要更多不同等级的荷载试验。

第四节　试 验 程 序

在 NDT 计划和设备过程中,必须按照下面的步骤保证采集数据的质量。

一、数据采集

弯沉数据采集可以在设定的条件下进行。NDT 操作可以在通用机场、小型或大型枢纽机场进行。大多数大型枢纽机场要求 NDT 操作者和机场管理者联系,提供航空情报,关闭非常繁忙的交通,如主要跑道。小机场,管理者允许 NDT 操作者在低交通时进行工作。操作人员必须在安全和高效条件下工作。

1. 工业标准

试验的关键方面是发布在文件中记录传感器精度和可靠度、采集的时间和地点、道面的温度测量。

2. 方位图

在道面上试验开始之前,操作者应在 0 +00 处试验板(水泥混凝土)和通道(HMA)喷洒油漆。每个试验板和通道偏离中心线或 NDT 计划指定的位置。如果偏离需要调整或者是因计划原因需要改变,操作者应注意变化的原因。

3. 记录和监控道面温度

道面的响应与温度有关。特别是对沥青道面温度的变化会引起弹性模量很大的变化。同样，在水泥混凝土道面中非传力杆接缝传递荷载的大小随温度变化。

4. 冲击力的选择

NDT 的试验计划应指出振动和冲击设备的荷载大小。然而，操作者检查之一是荷载产生的弯沉值必须在制造厂家传感器测量范围内，如第四章讨论的。在每一个试验点采用不同的荷载等级，确保产生的弯沉值在传感器测量范围内。

如果道面类型和厚度发生变化时，操作者应改变荷载的大小。在道面结构中给定预先的变化，选择中间荷载等级，道面厚时选大者，道面薄时选小者。如果弯沉在传感器测量精度范围内，试验者将会有更高的效率，通过改变 NDT 设备的潜在的错误和操作软件最小化。另外，在大型枢纽机场要求快速从一个地方向另一个地方移动，中间荷载特别有利于这种情况。

5. 记录弯沉测量

一旦合适的荷载确定后，试验者根据 NDT 试验计划开始弯沉测量。操作软件记录试验数据，除了冲击力和传感器弯沉之外，还要求记录下面的信息。

(1)试验布置(如传感器间距、承载板尺寸和工程计划描述)。

(2)空气、道面表面的道面中间厚度温度。

(3)试验段道面条件说明。

(4)试验位置。

6. 监测弯沉数据

连续监测弯沉数据是非常重要的。除了拖车以外，大多数 NDT 装置装有监视器和承载板周围的照相机，允许操作者很好地观察承载板周围的道面。在试验装置移动试验点时，道面表面必须检查确保干净和无碎片。干净的试验位置能使承载板安放合适和保证弯沉测量数据的可靠。

如果弯沉数据可疑，必须再试验一次。典型的弯沉异点是承载板和 DI 传感器(承载板处)的弯沉与先前同一试验段的弯沉相比没有变化。由于道面结构的异常或设备有问题这些异常也会发生。无论怎样，NDT 必须重复试验一次。

沿着试验带和试验段，随着道面结构的不同要调整试验方案。例如，HMA 加铺道面测试段的宽度发生变化，为了避免距纵缝距离小于 1m，要求改变距中心线的距离。

二、试验条件

对于下面的情况，为了安全准确获取试验数据，根据下面的情形改变试验时间和位置。

1. 高低温度

周围温度太高或太低，许多设备不能操作。如果温度太低，特别是那些水动力推动的装置会有力作用在设备上，制造厂家不推荐使用 NDT。同样，如果温度太高，HMA 表面层过分压缩，导致低质量的数据。对于这些情况，试验需延缓，等待合适温度。

2. 水泥混凝土板传感器布置

NDT 计划要求在板中、板边和板角，横向接缝和纵向接缝处进行试验。当水泥混凝土道面加铺 HMA 从下板接缝处产生反射裂缝时，也可以用 NDT 计划，即在下板的板中、板边和板角,横向接缝和纵向接缝处进行试验。NDT 装置制造厂家和软件允许在承载板的两边和后面添加另外传感器,如图 3-13 所示。

如图 3-13 所示,没有传感器采集沿着试验带的板中和横向接缝的弯沉。然而,在板后添加的传感器被允许采集当承载板在接缝另一边时,横向接缝的传荷能力。如果飞机和汽车单向通过时非常重要。

在水泥混凝土道面,NDT 进行板角试验时,承载板在横缝和纵缝 15cm 范围内。另一边的传感器允许操作者向前移动 NDT 装置进行纵缝传荷能力试验。照相机处于 NDT 合适位置,能使其移动更容易。

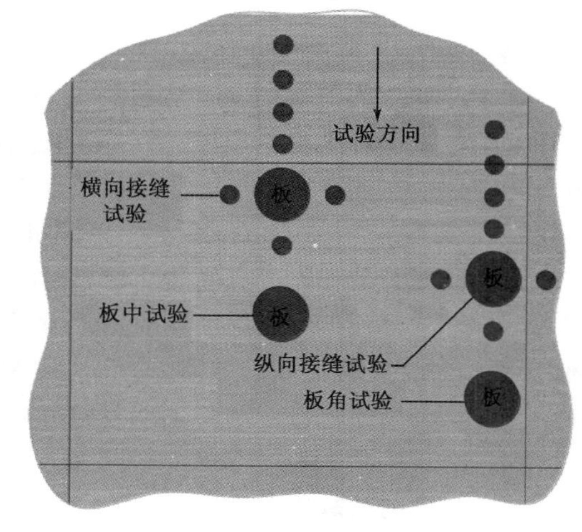

图 3-13　板角和接缝处试验添加传感器位置

三、原始弯沉数据的处理

道面边界的限制已经在道面管理系统或道面结构历史中定义。在道面管理系统中,因为飞机交通水平、道面使用年限和道面的横断面差别,道面可以分为不同的区域。弯沉数据用来定义和表示在整个道面中不同区域的道面区别。

中心弯沉数据的初步分析用标准弯沉或者是沿着停机坪、滑行道和跑道的长度进行分析。ISM 和 DSM 见第二章计算。通过对标准荷载调整弯沉得到标准弯沉。例如,要得到标准飞机轮载为 18000kg 标准弯沉,虽然得到在冲击荷载为 140kN、160kN、190kN 下的弯沉数据,但在这些荷载作用下的弯沉必须按下式调整到荷载为 180kN 下的标准弯沉。

$$d_{0n} = \left(\frac{L_{\text{norm}}}{L_{\text{applied}}}\right) d_0 \tag{3-2}$$

式中:d_{0n}——标准弯沉;

L_{norm}——标准荷载;

L_{applied}——作用荷载;

d_0——在选择传感器位置的测量弯沉。

当回顾标准弯沉剖面图或 ISM 值时,应该找出变化的形式。在承载板下的标准弯沉和 ISM 值反映了整个道面结构在试验位置的整体强度。增加 ISM 值或减小标准弯沉值可能增加道面强度。图 3-14 和图 3-15 分别给出了 ISM 和标准弯沉的剖面图。

图 3-14 说明了 ISM 剖面图如何识别道面中 4 个不同道面区域。清楚地看出区域 1 的道面强度最高,因为它的平均 ISM 高于其他区域。虽然区域 2、3、4 平均 ISM 相类似,区域 3 的变化更高。

同样,区域 2 的强度最弱,因为 HMA 层厚度小于 13cm,或者稳定层也很弱。剖面图与外芯取样一样,能够提供层的厚度和强度附加信息。

图 3-15 表示标准弯沉剖面图在特定的道面中识别限制道面。正如图所示,强度高的地方标准弯沉值小。用标准弯沉或 ISM 值识别道面限制。ISM 使用更频繁,并提供不依赖力的信息。

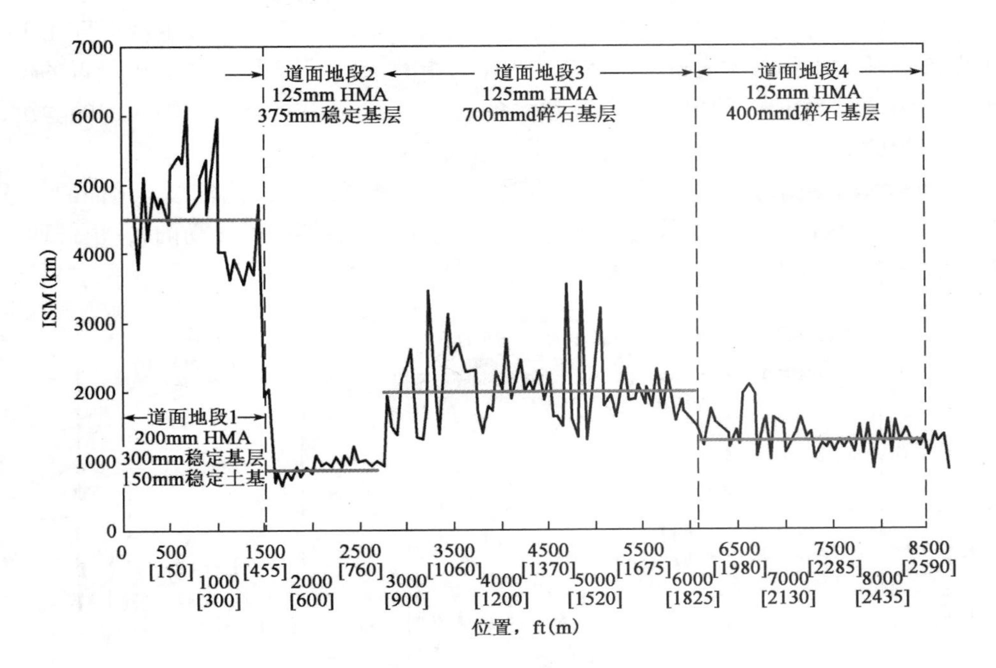

图 3-14　ISM 与道面位置损坏的关系

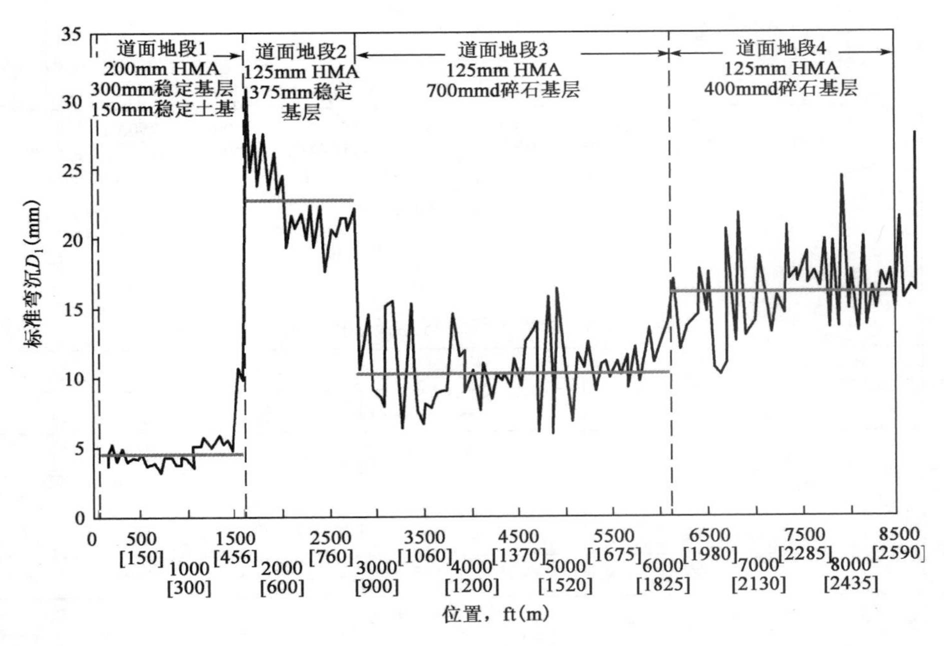

图 3-15　标准弯沉与道面位置损坏部分的关系

注：承载板处的弯沉。

弯沉数据被用来识别沿着道面土基变化。一个传感器放在预先计算好的距承载板中心的距离可以很好地评定土基强度。Aashto1993 设计程序提供中承载板的传感器反映土基强度的指南。

对于 HMA、水泥混凝土和三个土基强度的典型模量值,表 3-5 表示传感器距直径 30cm 承载板的距离反映的土基强度的情况。将表 3-5 作为指南,工程师应该选择表中最近的值,没有必要选择 NDT 设备中最远的传感器。既然大多数 NDT 设备不能记录 180cm 远的弯沉,这张表说明了最远的传感器不能反映厚水泥混凝土道面土基的强度。

图 3-16 表示了距承载板中心 60cm 处传感器测量的弯沉被用来比较沿着道面的土基强度变化。表 3-5 显示四个区域,距承载板中心 60cm 处 NDT 传感器是可接受的,并很好地指出土基强度。图 3-16 显示四个区域土基强度的变化。

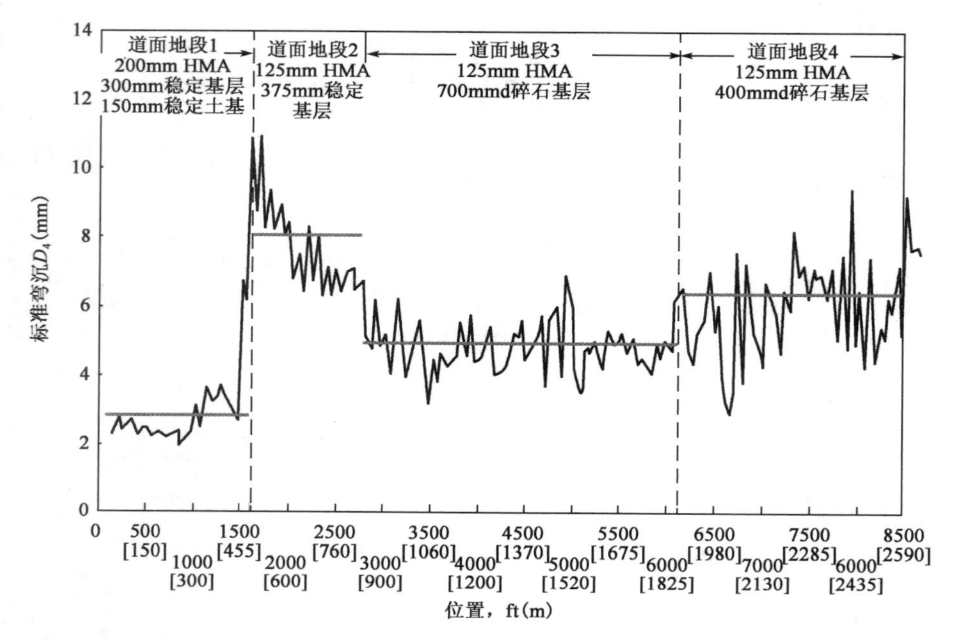

图 3-16 标准土基弯沉与道面位置的关系

注:承载板处的弯沉。

距承载板 30cm 的传感器距离(单位:in) 表 3-5

面层类型	表面层厚度(cm)	土基 CBR		
		4(弱)	12(平均)	20(强)
热拌沥青混合料	10	15	12	9
	20	30	24	18
水泥混凝土	30	84	60	48
	50	144	108	84

注:表中阴影面积表示要求传感器距离最大 180cm(70in)的典型 NDT 设备。

一旦把整个道面的测试段确定出后,必须把每一段的测量数据从整个数据文件中分离出来进行分析。测试段数据分离后,根据测试设备再细分。

(1)板中弯沉(弯沉盆)数据。道面层强度和材料特性。

(2)接缝或裂缝弯沉数据。接缝条件和材料特性。

(3)水泥混凝土板角弯沉数据。支撑条件和材料特性。

四、反算分析

工程师可以用NDT试验中提到的柔性的刚性道面的弯沉盆数据计算道面层的强度。这个过程称为反算,是相对于传统方法。除依据假定道面层强度确定厚度外,反算法更适用于假定均匀层厚度计算强度。强度用杨氏弹性模量或简单弹性模量表示。

如前所述,用NDT试验采用的两种荷载类型:静荷载和动荷载。动荷载包括振动荷载和冲击荷载。静荷载和动荷载作用下,道面产生线性和非线性响应。

表3-6显示了反算中可能出现的情景。另外,这张表也显示了在振动和冲击荷载作用下道面理论模型的有限工具。然而,在实际工作中,FAA为所有的道面工程的人员提供软件。表3-6中的计算工具基于静态线性范畴。

中系数值　　表3-6

面积方法	系数			
	A	*B*	*C*	*D*
SHRP 4个传感器(0~90cm)	36	1812.279	-2.559	4.387
SHRP 7个传感器(0~150cm)	60	289.078	-0.698	2.566
SHRP外面5个传感器(30~150cm)	48	158.408	-0.476	2.22
Air Force外面6个传感器(30~180cm)	60	301.8	-0.622	2.501

基于静态线性范畴的反算过程分为两个过程。第一个是允许工程师根据道面层的厚度和一个或几个传感器计算每一层的弹性模量。第二个是根据道面层的厚度和至少四个传感器计算弹性模量。

在进行分析之前,将试验段分离出来。不管采用哪种分析软件,线弹性理论要求道面的弯沉随测量点的距离增加而减小。另外,对于典型的传感器配置方式,从承载板到最远的传感器的弯沉是逐渐减小的。

有几个原因会使弯沉盆产生不规则情况,包括:承载板附近有裂缝存在,有问题的传感器,传感器和设备的错误,传感器没有校准,空洞、失去支承,水泥混凝土板的温度变形和温度翘曲,其他原因。工程师回顾数据并根据下面的不规划现象进行分析。

弯沉盆特点1:在这种情况下,外面一个或更多个弯沉比承载板的弯沉大,这种不规则现象会使反算产生最大的错误。

弯沉盆特点2:另一种较小的不规划是两个相邻的传感器的弯沉出现显著减小,层状弹性理论要求是随着距承载板距离的增加,弯沉是逐渐减小的,在所有相邻的弯沉是相对一致的。

弯沉盆特点3:与第一种相似,最外面两个传感器弯沉比靠近承载板的弯沉大。

对于水泥混凝土道面,如果HMA加铺层厚度小于10cm并且水泥混凝土层小于25cm,HMA加铺层是薄的。如果HMA加铺层厚度小于15cm并且水泥混凝土层大于25cm,HMA加铺层也认为是薄的。

式(3-3)可以根据DMT设备中适合的传感器计算土基的M值。参考图3-16,基于表3-5中的数据,应该是距承载板中心60cm的传感器。

$$M_r = \frac{0.24P}{d_r r} \tag{3-3}$$

式中：M_r——回弹模量(psi)，1bar = 14.5psi；

P——作用荷载(lb)，1lb = 0.4536kg；

d_r——距作用荷载距离为 r 的测量弯沉(in)，1in = 2.54cm；

r——测量弯沉点的径向距离(in)，1in = 2.54cm。

对于图 3-16 的四个道面区域，如果以 60cm 的平均弯沉值应用于上述方程，振动回弹模量会晤如下：区域 1，497MPa；区域 2，185MPa；区域 3，301MPa；区域 4，229MPa。这个位置传感器的平均弯沉为 0.070mm、0.1900mm、0.1161mm 和 0.1529mm。

正如所分析的，区域 1 的强度最高，因为它是稳定的。这些土基模量必须使用修正系数(典型值为 0.33)调整到通过试验回弹模量，在根据设计程序进行 HMA 设计和评定之前，根据 1993 年 AASHTO 设计指南讨论。

另一个普遍使用的封闭形式的反算程序是基于面积方法。这个方法也是在 1993 年 AASHTO 设计指南中使用，主要用于水泥混凝土和 PPC 上加铺 HMA，设计中使用土基反应模量 k。

当反算法中采用基于面积的计算程序时，图 3-17 表示了计算弹性模量和土基反应模量的步骤。面积方程(3-6)和(3-7)说明在 HMA 加铺层和很厚的水泥混凝土道面发生的压缩。这个方程不包括在压缩发生时在承载板下的弯沉。

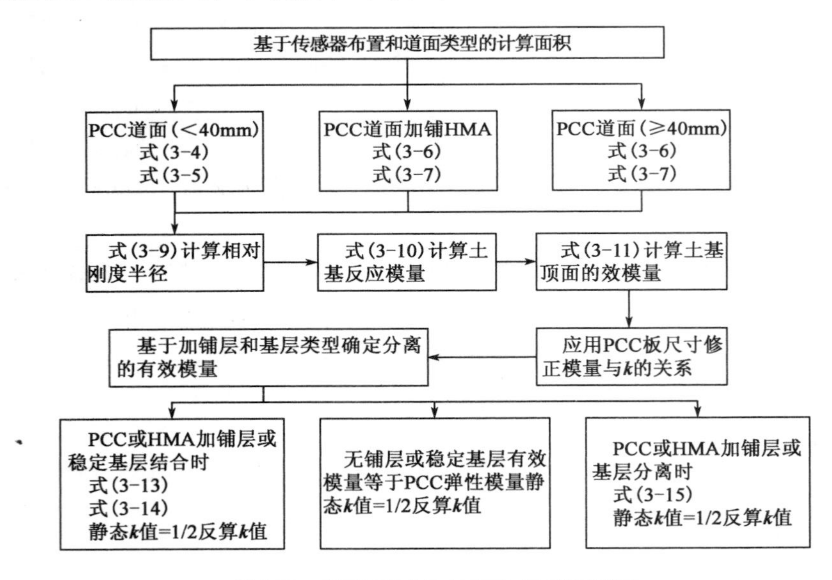

图 3-17　利用面积方法封闭形式反算流程图

下面的面积方程是根据 SHRP 和 U.S. Air Force 4 到 7 个传感器布置。式(3-4)和式(3-5)是使用 NDT 设备中所有的传感器计算面积盆。式(3-6)使用 SHRP 7 个传感器布置外面的 5 个。同样，式(3-7)使用 U.S. Air Force 7 个传感器布置外面的 5 个。

$$\text{AREA}_{4\text{Sonser}} = 6 + 12\left(\frac{d_{12}}{d_0}\right) + 12\left(\frac{d_{24}}{d_0}\right) + 6\left(\frac{d_{36}}{d_0}\right) \tag{3-4}$$

$$\mathrm{AREA}_{7\mathrm{Sonser}}=4+6\left(\frac{d_{8}}{d_{0}}\right)+5\left(\frac{d_{12}}{d_{0}}\right)+6\left(\frac{d_{18}}{d_{0}}\right)+9\left(\frac{d_{24}}{d_{0}}\right)+18\left(\frac{d_{36}}{d_{0}}\right)+12\left(\frac{d_{60}}{d_{0}}\right) \tag{3-5}$$

$$\mathrm{AREA}_{5\mathrm{Outer}}=3+6\left(\frac{d_{18}}{d_{12}}\right)+9\left(\frac{d_{24}}{d_{12}}\right)+18\left(\frac{d_{36}}{d_{12}}\right)+12\left(\frac{d_{60}}{d_{12}}\right) \tag{3-6}$$

$$\mathrm{AREA}_{6\mathrm{Outer}}=6+12\left(\frac{d_{24}}{d_{12}}\right)+12\left(\frac{d_{36}}{d_{12}}\right)+12\left(\frac{d_{48}}{d_{12}}\right)+12\left(\frac{d_{60}}{d_{12}}\right)+6\left(\frac{d_{72}}{d_{12}}\right) \tag{3-7}$$

式中：$\mathrm{AREA}_{i\mathrm{Sonser}}$——SHRP 4 个传感器、SHRP7 个传感器、SHRP 最外面 5 个传感器和美军空军最外面 6 个传感器时的面积盆（$i=4,7,5,6$）(in)；

d_0——在承载板中心的最大弯沉（mils）；

d_i——距承载板中心 8、12、18、24、26、48、60 和 72in 时的弯沉（$i=8,12,18,24,26,48,60$）（20、30、45、60、90、120mils）。

图 3-18 指出了如何根据 SHRP 4 个传感器计算 AREA。

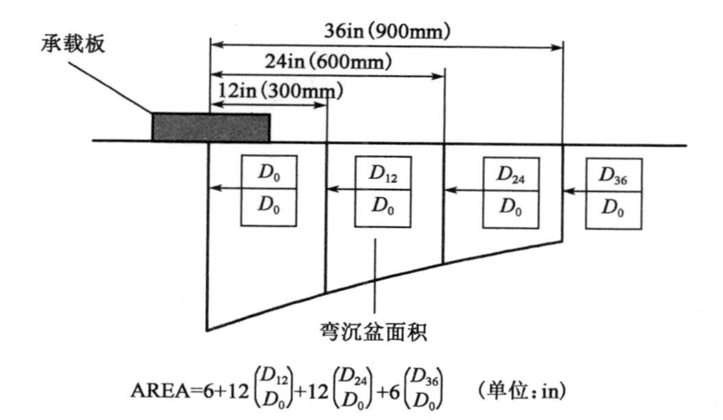

图 3-18　SHRP 4 个传感器配置的弯沉盆面积

根据同样原理，可以计算任意布置的传感器 AREA。在正确的 AREA 计算后，按式(3-8)通过计算 k 值和有效 PCC 计算模量来计算相对刚度半径。

$$\lambda_{\mathrm{k}}=\sqrt[4]{\frac{E_{\mathrm{PCC}}h_{\mathrm{PCC}}^{3}}{12(1-\mu^{2})k}} \tag{3-8}$$

式中：λ_{k}——文克勒地基相对刚度半径（in）；

E_{PCC}——土基以上道面层的计算模量（psi）；

h_{PCC}——土基以上所有刚性厚度（in）；

μ——水泥混凝土泊松比；

k——土基反应模量（psi/in）。

按照式(3-4)～式(3-7)计算的面积与相对刚度半径 λ_{k} 有唯一的关系，如式(3-9)所示。

$$\lambda_{\mathrm{k}}=\left[\frac{\ln\left(\frac{A-\mathrm{AREA}}{B}\right)}{C}\right]^{D} \tag{3-9}$$

式中：λ_{k}——文克勒地基相对刚度半径（in）；

AREA——按式(3-4)~式(3-7)计算的面积；

A、B、C、D——面积修正常数，见表3-6。

在相对刚度半径计算出后，土基反应模量 k 和有效弹性模量可以分别用两个相互独立的方程计算。第一个是用式(3-8)计算相对刚度，第二个用威斯特卡德方法计算在荷载直接作用下板中的弯沉。但威斯特卡德方法不能计算承载板外面的 AREA 情况。下面的公式用来计算土基反应模量 k 和有效弹性模量 E。

$$k=\frac{Pd_r^*}{d_r\lambda_k^2} \tag{3-10}$$

式中：k——土基反应模量(psi/in)；

P——作用 NDT 荷载(lb)；

λ_k——文克勒地基相对刚度半径(in)；

d_r^*——径向距离为 r 无量纲弯沉系数；

d_r——径向距离为 r 测量弯沉(in)。

$$E=\frac{12(1-\mu^2)P\lambda_k^2d_r^*}{d_rh^3} \tag{3-11}$$

式中：E——有效弹性模量(psi)；

μ——水泥混凝土泊松比；

P——作用 NDT 荷载(lb)；

λ_k——文克勒地基相对刚度半径(in)；

d_r^*——径向距离为 r 无量纲弯沉系数；

d_r——径向距离为 r 测量弯沉(in)；

h——土基以上所有约束层厚度(in)。

无量纲弯沉系数 d_r^* 按下式计算：

$$d_r^*=X\mathrm{e}^{[-Y\mathrm{e}(-Z\lambda_k)]} \tag{3-12}$$

式中：d_r^*——径向距离为 r 无量纲弯沉系数；

λ_k——文克勒地基相对刚度半径(in)；

X、Y、Z——系数，如表3-8所示。

如图3-17所示，在反算的面积方法中下一步是根据板的尺寸调整 k 值和有效模量 E。解决威斯特卡德的无限板理论板尺寸的修正是必需的。

如果工程师认为板的修正是必需的，板尺寸的修正按 FHWA-RD-00-086 报告，Back-calculation of Layer Parameters for LTPP Test Section，or the AASHTO 刚性道面设计指南进行。

如果水泥混凝土结构不包括稳定基层、HMA 加铺层或水泥混凝土加铺层，反算的动态有效模量就是水泥混凝土弹性模量。但是，反算的动态 k 值必须调整为静态 k 值以符合传统的 FAA 的评定和设计。

National Cooperative Highway Research Program (NCHRP) Report 372，国际合作公路研究程序，Support Under Portland Cement Concrete Pavements，报告中静态 k 值是动态 k 值的一半。

静态 k 值可以由承载板试验得到,见本章第五节。

如果水泥混凝土结构包括稳定基层、薄的 HMA 加铺层或水泥混凝土加铺层,反算的动态有效模量可用来计算两种模量值。可能的模量情况如下:结合或分离的水泥混凝土加铺层和水泥混凝土层,薄的 HMA 加铺层和水泥混凝土层,水泥混凝土层和贫混凝土或水泥稳定基层,水泥混凝土层和沥青稳定基层。

在反算中,大多数工程师设想 95% 以上的情形,由落锤冲击的 NDT 设备产生的高摩擦力会使两层出现结合。这包括钻芯取样显示的两层分层情况,在两层之间放置一层(两层聚乙烯纤维布)和 HMA 分离层可以构造结合隔断层(如传统的水泥混凝土道面上分离式加铺的水泥混凝土道面)。对于结构层的情况,中性轴按下式计算:

$$x=\frac{\frac{h_1^2}{2}+\beta h_2\left(h_1+\frac{h_2}{2}\right)}{h_1+\beta h_2} \tag{3-13}$$

式中:x——中性轴的深度(in);

h_i——上层的厚度(如,板)($i=1,2$)(in);

β——下层和上层的模量比值,$\beta=E_2/E_1$(工程师估算),其中 E_2 为下层的模量,E_1 为上层的模量。

在计算中性轴的深度时,工程师必须估算下层和上层的模量比值,如方程式(3-13)。典型的比值或 β 值如下:取决于 HMA、水泥混凝土和稳定层混合设计,HMA 加铺水泥混凝土 =10,HMA 加铺水泥混凝土 =1.4,水泥混凝土与贫混凝土 =0.4,水泥混凝土与水泥稳定层 =0.25,水泥混凝土与沥青稳定层 =0.10。

在估算和计算中性轴之后,上层模量、下层模量对于结合的情况下采用假定 β 使用式(3-14)计算。

$$E_1=\frac{E_e(h_1+h_2)^3}{h_1^3+\beta h_2^3+12h_1\left(x-\frac{h_1}{2}\right)^2+12\beta h_2\left(h_1-x+\frac{h_2}{2}\right)^2} \tag{3-14}$$

式中:E_e——反算有效模量[见式(3-10)](in)。

如果层之间的条件未知,工程师应考虑分离和结合两种情况。采用上面的 β、E_e、h_1 和 h_2,对于分离条件上层和下层的模量可按式(3-15)计算。

$$E_2=\frac{E_e(h_1+h_2)^3}{\frac{h_1^3}{\beta}+h_2^3} \tag{3-15}$$

通过下面的例子,说明面积计算方法,下面停机坪结构和使用冲击 NDT 板中试验的参数计算。

【例 3-1】　输入条件。

375mm 厚有接缝的水泥混凝土(三年使用);

225mm 厚水泥稳定基层(CTB)(结合界面);

150mm 厚分离碎石基层;

6m 横向接缝距离；

5.75m 纵向接缝距离；

SHRP 7 个传感器 NDT 布置；

NDT 冲击荷载 100kN；

在一个试验段测量弯沉见表 3-7。

弯 沉 数 据 表 3-7

传感器	D_1	D_2	D_3	D_4	D_5	D_6	D_7
间距(in)	0	8	12	18	24	36	60
弯沉(mils)	22.90	21.40	20.30	19.10	17.90	16.30	10.70

第一步，确保弯沉测量数据不出现典型弯沉盆特点Ⅰ、Ⅱ、Ⅲ(见本章第四节)的错误。不同点弯沉的数值距承载板中心的距离增大而逐渐减小。既然弯沉数据显示协调一致，下一步用面积方程进行计算。

当水泥混凝土道面厚度大于 40cm，采用图 3-17 的面积方程即式(3-6)或式(3-7)。水泥混凝土板厚度只有 375mm，但 225mm 厚的水泥稳定层在板底下。在 NDT 冲击荷载下，最好结合水泥混凝土板和水泥稳定层，式(3-6)(SHRP 布置)采用总结构层 60cm 进行计算。

用外面 5 个传感器计算 AREA，AREA = 1175mm。当 AREA 已知，使用式(3-9)计算相对刚度半径 $\lambda_k = 1175\text{mm}$。再使用式(3-10)和式(3-11)计算 k 值和有效模量，按照表 3-8 确定的系数，用式(3-12)计算无量纲系数 d_r^*，对于外面的 AREA 方法，SHRP 7 个传感器布置距板中心的距离是 30cm。使用表 3-9 和式(3-12)，$d_r^* = 0.1185$。这个值对应弯沉值 = 0.051562mm，冲击荷载 = 100kN，水泥混凝土和 CTB 结合厚度 = 60cm，$\lambda_k = 1175\text{mm}$，最初的动态 k 和有效模量值分别为 593psi/in 和 17146MPa。

关于 D 的系数[式(3-12)] 表 3-8

距承载板的径向距离(cm)	系　数		
	X	Y	Z
0	0.12450	0.14707	0.07565
30	0.12188	0.79432	0.04074

在板尺寸校正后，调整后的动态 k 和有效模量分别为 702psi/in 和 17526MPa。如图 3-17 所示，静态 k 是动态 k 的一半，调整为 351psi/in。这个 k 可用在 FAA 设计和评定中。

计算水泥混凝土和水泥处治基层(CTB)的单独的有效弹性模量。假定 CTB 和水泥混凝土弹性模量的比值，$\beta = 0.25$，两层是结合的，按式(3-13)计算，中性轴距水泥混凝土表面为 230mm。使用式(3-14)对于结合条件，水泥混凝土和 CTB 的弹性模量分别为 34919MPa 和 8730MPa。

对于水泥混凝土和 CTB 未结合条件，按式(3-14)来计算，水泥混凝土和 CTB 的弹性模量分别为 68107MPa 和 17027MPa。基于已知水泥混凝土和 CTB 层的条件和寿命，有更多的理由认为结合条件适合于 NDT 的试验。

不同于早期封闭形式的计算方法，这种方法用弹性层状体系理论计算整个结构的模量值，包括土基。当使用 FAARFIELD 作为评定和设计工具时，这种方法广泛适用于 HMA、水泥混凝土上加铺 HMA 和水泥混凝土道面。

混凝土弹性模量和 k 值反算的另一种方法基于板，这种方法称为“Best Fit”，在 FHWA Report RD-00-086 中详细说明，Back-calculation of Layer Parameters for LTPP Test Sections, Volume I：Slab on Elastic Solid and Slab on Dense-Liquid Foundation Analysis of Rigid Pavements。Best Fit 方法解决了相对刚度半径和土基反应模量 k，类似于弹性层状反算方法，提供计算与每一传感器测量弯沉尽可能一致。

然而，Long-Term Pavement Performance（LTPP）报告研究显示弹性层状反算程序对水泥混凝土道面不总是很好。因此，如果这种方法应用在反算工作中，应仔细观察确保它们合理并与典型模量值一致。

采用封闭反算，弹性层状方法基于弯沉盆、层厚、道面结构计算层的模量。用评估原始的模量（Seed Values）和每一层材料类型合理的范围，取得这些值。典型道面材料的模量和泊松比值见表 3-9 和表 3-10。

铺筑材料典型模量值和范围　　表 3-9

材　　料	低值（MPa）	典型值（MPa）	高值（MPa）
沥青混凝土	500	3500	14000
水泥混凝土	7000	35000	60000
贫混凝土基层	7000	14000	20000
沥青处治基层	700	3500	10000
水泥处治基层	1400	5000	14000
粒料基层	70	200	350
粒料底基层或土基	30	100	200
稳定土基	70	350	1400
黏土	20	50	170

铺筑材料典型泊松比　　表 3-10

材　　料	低　　值	高　　值
沥青混凝土或沥青处治基层	0.25	0.40
水泥混凝土	0.10	0.20
贫混凝土或水泥处治基层	0.15	0.25
粒料基层、底基层或土基	0.20	0.40
稳定土基	0.15	0.30
黏土	0.30	0.45

在每一个层分配模量值范围后，迭代过程使实测值和理论值相一致。先估计最初模量，常提及“种子”值，每一层限制专门的范围。初值的选择是依据试验时间的材料类型和环境条件。用 NDT 试验装置的荷载计算最初的弯沉盆。

初始的弯沉盆与测量弯沉盆对比，见图 3-19。如果两个弯沉盆不同，对“种子”模量值，模量值范围和道面厚度进行调整。重复计算直到从估计的模量得到反算的弯沉与实测弯沉在可接受的误差范围内。

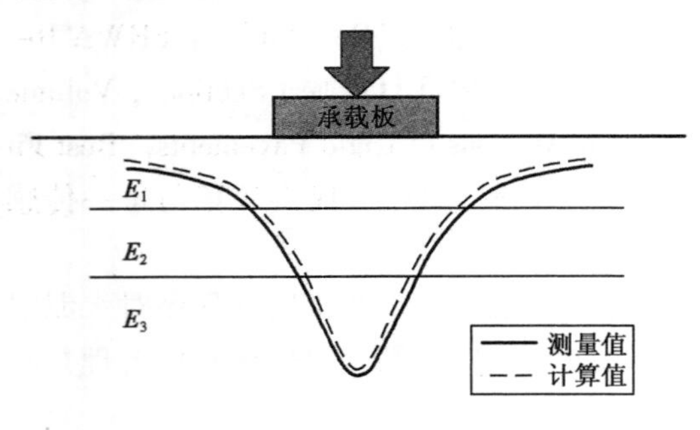

图3-19 测量弯沉盆与计算弯沉盆对比

成功获得在误差水平的收敛值取决于几个因素。误差水平和反算结果,重要的是在反算中能不能得到唯一解。基于在反算过程中的约束条件,许多可行的解之一可以获得。靠几个因素误差和层模量的数值可以获得。

误差结果的大小通过弹性层状理论靠改变参数的重复计算得到,包括以下内容:

(1)层数。随着反算中层数的增加,误差水平增大,得不到结果。

(2)层厚。随着层厚增加,误差水平增大。另外,如果估计的层厚与实际的不同,误差水平也会增大。

(3)层间结合条件。在多层分析中任意两层结合强度将会影响结果和误差水平。

(4)HMA层温度。沥青混凝土层是温度敏感材料。在炎热的夏天空气温度改变时,HMA模量也将随之改变。对误差水平和分析结果有影响。

(5)层的初值。每一层最初值的选择对结果有影响。误差的大小将取决于反算软件程序的重复计算法则。

(6)调整层模量比。当两个相邻层的估计模量相关较大时,大的误差就会发生。例如,在38cm上加铺10cm厚的HMA分析中可获得错误。

(7)下面的刚性层。同样,如果相关刚度层在道面表面3m内,反算工具不考虑这层称为深度岩层,则误差水平相当高。然而,这层不一定是岩层,比上层的刚度大很多。

(8)道面裂缝。弹性层状体系理论假定道面结构中任意层是连续的。因此,NDT承载板靠近任意类型裂缝或者是加铺HMA中水泥混凝土道面接缝,则大的误差产生。

(9)传感器错误。如果NDT传感器不校正或者没有按照要求测量外面传感器,误差水平增加。

(10)NDT承载板。如果承载板与道面表面不是均匀接触,误差水平增加。

(11)脉冲持续时间。对于冲击荷载装置,作用荷载的脉冲持续时间会影响结果。

(12)频率持续时间。对于振动荷载NDT装置,荷载频率也会影响结果。

(13)季节影响。全年的含水率的变化,另外,冬季冻胀和春融会影响误差水平和分析结果。

(14)材料特性变化。土基上的道面结构厚度和特性沿横向和纵向剖面发生变化。土基是非线性、非均质、各向异性。土基会在相当短的距离发生变化。

影响反算程序误差的关键因素列表说明反算是一种要求高技术和经验的艰苦工作。因为如此的因素对误差产生影响,并且没有唯一解,弹性层状反算迭代要求工程师进行判断。

举例说明弹性层状反算程序,用BAKFAA解决图3-19中一个弯沉盆的计算。道面横断面如下,一个试验段的弯沉数据反算过程如下。

【例3-2】 输入:13cm HMA层;40cm级配碎石;钻孔数据指出路床深度4m;SHRP 7个传感器布置;NDT冲击荷载90kN。

一个试验位置的测量数据见表3-11。

测量数据 表3-11

传感器	D_1	D_2	D_3	D_4	D_5	D_6	D_7
距离(in)	0	8	12	18	24	36	60
弯沉(mils)	20.79	14.96	12.02	9.66	7.30	5.28	3.37

第一步确保数据不出现第Ⅰ、Ⅱ、Ⅲ类错误(见本章第四节)。弯沉随着距中心的距离增大而减小。既然弯沉数据是合理的,计算路床深度、层的刚度和初始道面横断面。在这个例子中,路床深度为4m。由于横断面确定,对于反算层三层模量采用初定的模量值见表3-12。初定值从表3-9和表3-10中获得。

道面接缝等级 表3-12

LTE_{Δ}(%)	相对刚度半径 λ_k	
	50cm	33cm
90~100	可接受	可接受
70~90	可接受	Fair
50~70	中等	弱
<50	弱	弱

初始反算结果表示均方根(RMS)误差是0.3872mils(千分之一英寸)。对于BAKFAA运算法则可接受的系数变化范围是2%~5%。HMA的模量值是合理的,虽然低于老化的HMA层。根据前面的讨论,HMA层的厚度是完全可变的。举例说明冲击在HMA的厚度为10cm再次进行反算。

第二次反算结果表示HMA的模量从1103MPa增加到1482MPa,这是由于减小了HMA层的厚度(2.5cm)。反算的级配碎石层和土基的模量值在合理的范围,虽然它们的模量比第一次有微小的增加。

分析第二次的输出结果,均方根(RMS)的误差相比第一次减小到0.3845。HMA的模量是合理的,碎石基层的模量是307MPa,土基的模量是58MPa也是可接受的。

另一个关于反算的软弱层在刚性层的上面或下面。如果钻孔作为道面研究的一部分,这有助于NDT的试验,增加反算的可信度。使用芯样厚度和NDT的结果,对于例3-2可以对比NDT的结果。

第五节　水泥混凝土道面接缝分析

由于荷载从一个水泥混凝土板到相邻的板,接缝和裂缝的研究是重要的。

裂缝和接缝的NDT试验可以评定起落架荷载在受荷板和未受荷板之间的传荷的百分数。随着未受荷板的传荷数量增加,受荷板的弯曲应力减小,道面寿命延长。

荷载的传递数量取决于多种原因,包括接缝的构造、机轮接触面积、道面温度、传力杆使用和道面板底下的稳定基层。

挠度传荷系数(LTE_{Δ})[如式(3-16)]被广泛定义。如果LTE_{Δ}被用来计算在水泥混凝土上HMA加铺层的反射裂缝,HMA加铺层的压缩会导致接缝传荷的错误。

对于这种情况，工程师可使用 NDT 装置中的第二和第三个传感器进行 NDT 试验，并在 LTE_Δ 计算中使用这些传感器。

$$LTE_\Delta = \frac{\Delta_{unload\_slab}}{\Delta_{load\_slab}} \times 100\% \tag{3-16}$$

式中：LTE_Δ——挠度传荷系数（%）；

Δ_{unload_slab}——未受荷板的弯沉（mils）；

Δ_{load_slab}——受荷板的弯沉（mils）。

一旦 LTE_Δ 被计算，它一定与应力荷载传荷系数（LTE_σ）有关，理解荷载传递对道面部分结构能力的影响。在 ac 150/5320－6 中 FAA 的设计和评定假定荷载传递数量可以有效地减小自由边道面的弯曲应力 25%。既然 LTE_Δ 和 LTE 之间关系不是线性的，如果应力荷载传荷系数为 25%，另外要求进行分析工作。式（3-17）表示了 LTE_σ 的定义。

$$LTE_\sigma = \frac{\sigma_{unloaded\_slab}}{\sigma_{loaded\_slab}} \times 100\% \tag{3-17}$$

式中：LTE_σ——应力荷载传荷系数（%）；

σ_{loaded_slab}——受荷板应力（psi）；

$\sigma_{unloaded\_slab}$——未受荷板应力（psi）。

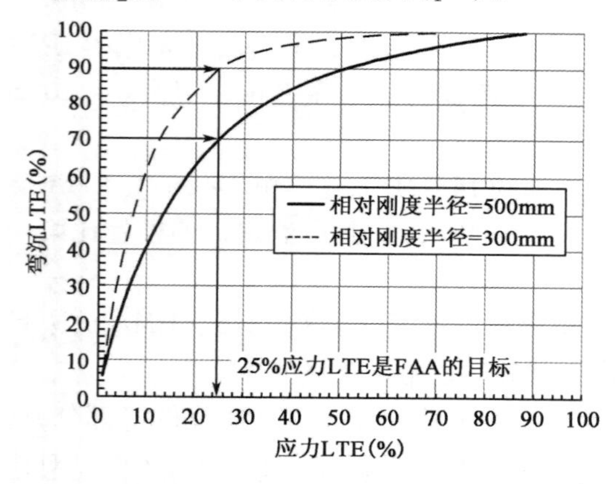

图 3-20　承载板直径为 30cm 时弯沉 LTE 与应力 LTE 的关系

图 3-20 给出了承载板直径为 30cm 时的 LTE_Δ 和 $\sigma_{unloaded\_slab}$ 的关系。对于承载板直径为 30cm 和 45cm 时，其他关系见 FAA 的 DOT/FAA/PM-83/22。这些系数的关系取决于荷载接触半径与相对刚度半径的比值，a/λ_k 对于承载板半径为 15cm，λ_k 只与 NDT 中的挠度数据有关。

图 3-20 中的两条曲线提供了机场道面 λ_k 的边界。从图 3-20 可知，当 λ_k 等于 50cm 时，70% 的 LTE_Δ 等同于 25% 的 LTE_σ。25% 的 LTE_σ 是在 FAA 中用来设计和评定使用的值。同样，当 λ_k 等于 300cm 时，90% 的 LTE_Δ 等同于 25% 的 LTE_σ。

第六节　水泥混凝土道面板脱空分析

除了接缝传荷能力外，水泥混凝土另一个重要特性是板的支承条件。在水泥混凝土反算中假定条件之一是板与基础是完全接触的。表面损坏如板角损坏、接缝破坏和板的裂缝都表示道面板支承条件丧失。因此聚焦接缝和板角附近的脱空分析具有重要意义。

导致支承丧失的因素有三个，其一是基层、底基层和土基有腐蚀。如果不按照标准进行稳定层设计，稳定基层、底基层可能会腐蚀。除了腐蚀外，在道面板下发生沉降，最通常的理由是施工过程中碾压不充分。最后是温度翘曲和湿度翘曲使支承丧失。翘曲大小在白天有很大的变化，取决于道面板厚度、基层类型的温度变化值。脱空分析应在板角和接缝中间位置。

图3-21给出了三个NDT试验在不同位置三个荷载水平的变化情况。如果曲线通过X轴的原点，板下的支承良好。曲线离原点在右边越远，支承失去越大。一般来讲，弯沉截距大于3mils，则表明脱空存在。重要的是能进行脱空深度的评定，而不是脱空面积。

NAPTF的研究结果表明接缝中点的脱空存在会影响第五节中LTE_{Δ}的分析结果。特别是随着板的翘曲的增加，接缝两侧的弯沉也会增加。因此，如果在热天或两个不同的季节进行弯沉测量，如果没有翘曲，弯沉值保持不变。如果NDT只测量LTE_{Δ}，图3-22表示的脱空曲线不能用来保证脱空不影响LTE_{Δ}计算。

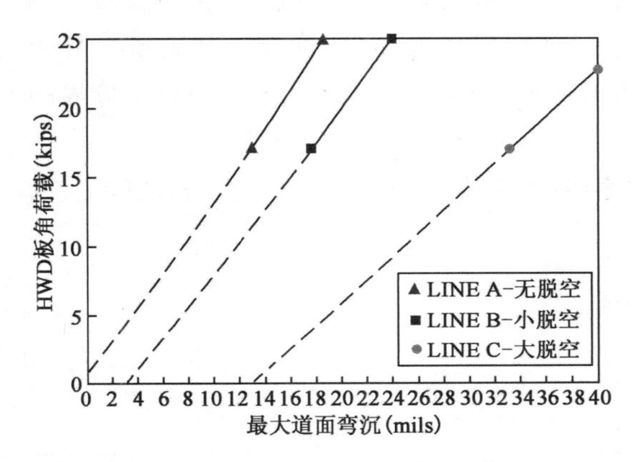

图3-21　水泥混凝土道面板下脱空检查

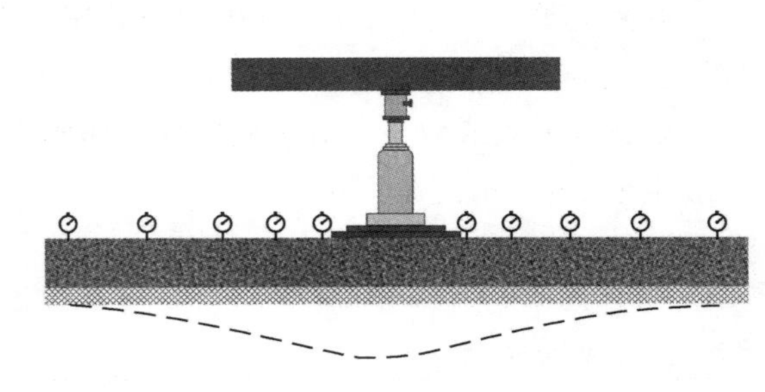

图3-22　道面承载板弯沉测试示意图

耐久性的问题可以用板中与板纵向或横向或板角的ISM（或DSM）对比进行评定。ISM_{ratio}在整个板是不相等的，板中最小，板角最大。如果接缝传荷或脱空分析已经进行，同样的原始的弯沉数据可以计算ISM_{ratio}。

$$ISM_{ratio}=\left(\frac{ISM_{slab\_center}}{ISM_{slab\_corner}}\right)K \quad 或 \quad ISM_{ratio}\left(\frac{ISM_{slab\_center}}{ISM_{slab\_joint}}\right)K \qquad (3\text{-}18)$$

式中：ISM_{ratio}——冲击刚度模量比；

ISM_{slab_center}——板中冲击刚度模量（pounds/in）；

ISM_{slab_corner}——板角冲击刚度模量（pounds/in）；

ISM_{slab_joint}——接缝冲击刚度模量（pounds/in）。

ISM_{ratio}大于3表明水泥混凝土在板角或接缝处耐久性差。如果在3～1.5之间，耐久性可疑。如果小于1.5，水泥混凝土的耐久性是处于好的状态。这些值的范围是基于板中的耐久性是处于好的状态。这个假定可以用前面的水泥混凝土反算分析获得的模量值证明。

第七节　承载板道面弯沉测试方法

一、测试原理

在水泥混凝土道面表面进行承载板试验，测出荷载作用下道面的弯沉曲线，再利用理论公式计算在试验荷载作用下道面的理论弯沉曲线。调整基层顶面的计算反应模量k或计算回弹

模量 E_s，使理论弯沉曲线与实测弯沉曲线相吻合，此时的 k 或 E_s 值就是该道面下基层顶面的计算反应模量值或计算回弹模量值。

试验时，在水泥混凝土道面板的中心位置，放置直径为30cm的承载板。承载板的厚度应保证在加载时不发生变形，一般应采用3cm厚的钢板。当钢板较薄时，应采用迭置的钢板，以提高其刚度。承载板下放置0.5～1.0cm厚的硬橡胶垫，保证承载板与道面均匀接触。加载设备可利用载重汽车。对于军用一级机场最大荷载达7t左右，军用二级机场最大荷载达10～15t，军用三、四级机场最大荷载达15t以上。加载大小可用测力计或电子秤量测，道面弯沉值可用读数千分表或数显千分表进行量测。为了测得满意的弯沉曲线，在承载板的两侧对称位置上，至少布置3～5个测点，见图3-22。距承载板越近部分，读数千分表或数显千分表布置越密。一般千分表可按距荷载中心20cm、30cm、50cm、75cm、100cm布置千分表的位置。

读数千分表或数显千分表用磁性表座固定在钢架上，钢架的支点应位于弯沉盆范围之外，一般距板中心3m之外即可。

二、测试方法

1. 主要仪器设备

(1)加载设备

采用载重汽车，可以在车内装砂石或铁块增加汽车重量。

千斤顶一台，量程在15t以上。

承载板一组，最大直径为30cm，其上迭置两块小直径钢板，以增大承载板的刚度；直径为30cm，厚度为0.5～1.0cm的硬橡胶一块。

(2)量测设备

电子秤(或测力计)一台，量程在15t以上。

读数千分表或数显千分表和磁性表座各6个以上，按布置测点的数量确定；跨度9m以上支架一个；钢卷尺一把。

2. 测试步骤

(1)选点。

将跑道轴线附近的板块作为测试位置，其测试数量可按相关规范的要求进行。按照测试数量的大小的顺序进行编号。

(2)确定测试位置。

在选定的板中心位置放置直径30cm的承载板，板下放置硬橡胶垫，将小直径承载板放置在直径30cm的承载板的上面。接着放置千斤顶和电子秤(或测力计)。电子秤的荷载传感器应顶紧在反力架上。

(3)在承载板的轴线方向按不同的间距对称放置6～10只千分表(图3-22)。靠近承载板的表距应小些。

(4)在承载板上施加3～5t荷载，预压1～2min，然后卸载。

(5)调整好每只千分表,使指针处于行程(或量程)的中间位置。加载至汽车后轮离地,稳定1~2min,记录荷载值和千分表的初读数。

(6)卸载至零,汽车慢慢驶离测点6m之外,稳定1~2min,记录千分表的终读数。终读数与初读数之差,即为该点的弯沉值。

(7)每个测点重复2~3次,检查测试数据。当两次结果相近时(相对值相差不超过10%),即以对应点的测试数据平均值作为实测弯沉值。当测试结果相差过大时(相对值相差超过10%),应先检查千分表是否工作正常,然后进行第三次、第四次测试,以两相接近的数据平均值作为最后结果。

3. 数据处理

(1)绘制弯沉曲线

计算出荷载作用下各测点的弯沉值,绘制弯沉曲线,见图3-23。

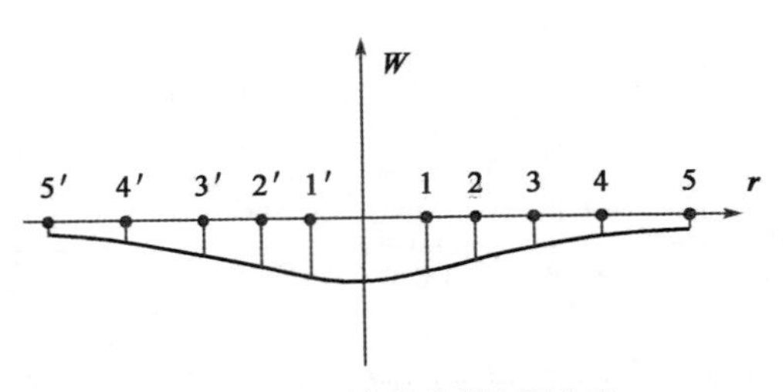

图3-23　实测数据绘制弯沉曲线

(2)反应模量k和回弹模量E_s的计算

反应模量k采用文克勒地基上无限大板的挠度计算公式进行反算;回弹模量E_s采用弹性半空间地基上无限大板的挠度计算公式进行反算。

文克勒地基上无限大板的挠度计算公式如下:

$$w(r) = \frac{qR}{kl}\int_0^{\infty}\frac{J_0\left(\frac{r}{l}t\right)J_1\left(\frac{R}{l}t\right)}{1+t^4}\mathrm{d}t = \frac{q}{k}\overline{W} \tag{3-19}$$

式中:k——基层顶面反应模量(MN/m^3);

$w(r)$——板的挠度(m);

$J_0\left(\frac{r}{l}t\right)$——第一类零阶贝塞尔函数;

$J_1\left(\frac{R}{l}t\right)$——第一类一阶贝塞尔函数;

q——圆形均布单位压力(MPa);

r——计算点坐标(m);

R——荷载圆半径(m);

t——积分参数;

$\overline{W}$——挠度系数,见表3-13;

l——文克勒地基板的相对刚度半径(m),其计算公式如下:

$$l = \sqrt[4]{\frac{D}{k}} = \sqrt[4]{\frac{Eh^3}{12(1-\mu^2)k}} \tag{3-20}$$

E、h、μ——混凝土板的弹性模量(MPa)、板厚(m)和泊松比。

圆形均布荷载作用下挠度系数 $\overline{W}$ 值表(1×10^{-2})　　表 3-13

r/l \ R/l	0.10	0.12	0.14	0.16	0.18	0.20	0.22	0.24	0.26	0.28	0.30
0	0.391	0.561	0.763	0.992	1.252	1.542	1.857	2.205	2.579	2.975	3.405
0.2	0.377	0.544	0.738	0.962	1.216	1.499	1.805	2.146	2.512	2.899	3.323
0.4	0.351	0.505	0.687	0.896	1.132	1.397	1.686	2.004	2.348	2.717	3.113
0.6	0.318	0.458	0.623	0.813	1.028	1.268	1.531	1.821	2.135	2.472	2.833
0.8	0.283	0.407	0.554	0.723	0.914	1.128	1.363	1.622	1.902	2.203	2.526
1.0	0.247	0.356	0.484	0.632	0.800	0.987	1.177	1.419	1.665	1.929	2.213
1.2	0.213	0.307	0.417	0.545	0.689	0.851	1.029	1.224	1.436	1.600	1.909
1.4	0.181	0.260	0.354	0.462	0.585	0.722	0.874	1.040	1.220	1.414	1.623
1.6	0.151	0.218	0.296	0.387	0.490	0.605	0.732	0.871	1.022	1.185	1.360
1.8	0.125	0.180	0.244	0.319	0.404	0.499	0.604	0.719	0.844	0.978	1.123
2.0	0.101	0.146	0.199	0.259	0.328	0.405	0.491	0.548	0.686	0.795	0.913
2.5	0.055	0.080	0.109	0.142	0.180	0.222	0.269	0.320	0.376	0.437	0.502
3.0	0.026	0.037	0.050	0.066	0.083	0.103	0.125	0.149	0.175	0.203	0.234
3.5	0.008	0.012	0.016	0.021	0.026	0.033	0.040	0.047	0.056	0.065	0.075
4.0	-0.001	-0.002	-0.002	-0.003	-0.003	-0.004	-0.005	-0.006	-0.006	-0.007	-0.007
5.0	-0.006	-0.008	-0.011	-0.014	-0.018	-0.022	-0.027	-0.032	-0.037	-0.043	-0.050
6.0	-0.004	-0.005	-0.007	-0.009	-0.012	-0.014	-0.018	-0.021	-0.024	-0.028	-0.033

弹性半空间地基上无限大板的挠度计算公式如下：

$$w(r)=\frac{2(1-\mu_0^2)Q}{\pi RE_s}\int_0^{\infty}\frac{J_0\left(\frac{r}{l}t\right)J_1\left(\frac{R}{l}t\right)}{t(1+t^3)}\mathrm{d}t=\frac{Q(1-\mu_0^2)}{E_s l}\overline{W} \tag{3-21}$$

式中：E_s——基层顶面回弹模量(MPa)；

Q——圆形均布荷载的合力(MN)；

$\overline{W}$——挠度系数，其值随 r/l 和 R/l 变化，见表 3-14；

l——弹性半空间体地基上板的相对刚度半径，其计算公式如下：

$$l=h\sqrt[3]{\frac{E(1-\mu_0^2)}{6E_0(1-\mu^2)}} \tag{3-22}$$

h、E、μ——水泥混凝土板的厚度(m)、弹性模量(MPa)和泊松比。

圆形均布荷载作用下挠度系数 $\overline{W}$ 值表(1×10^{-2})　　表 3-14

r/l \ R/l	0.10	0.12	0.14	0.16	0.18	0.20	0.22	0.24	0.26	0.28	0.30
0	0.383	0.383	0.382	0.382	0.381	0.380	0.379	0.379	0.378	0.377	0.376
0.2	0.376	0.375	0.374	0.374	0.374	0.373	0.373	0.372	0.372	0.371	0.370
0.4	0.358	0.358	0.358	0.358	0.358	0.357	0.357	0.356	0.356	0.356	0.355

续上表

R/l r/l	0.10	0.12	0.14	0.16	0.18	0.20	0.22	0.24	0.26	0.28	0.30
0.6	0.337	0.337	0.337	0.337	0.337	0.336	0.336	0.336	0.336	0.335	0.335
0.8	0.314	0.314	0.314	0.314	0.314	0.314	0.314	0.314	0.313	0.313	0.313
1.0	0.291	0.291	0.291	0.291	0.291	0.291	0.291	0.291	0.290	0.290	0.290
2.0	0.190	0.190	0.190	0.190	0.190	0.190	0.190	0.190	0.190	0.190	0.189
3.0	0.124	0.124	0.124	0.124	0.124	0.124	0.124	0.124	0.124	0.124	0.124
4.0	0.087	0.087	0.087	0.087	0.087	0.087	0.087	0.087	0.087	0.087	0.087
6.0	0.053	0.053	0.053	0.053	0.053	0.053	0.053	0.053	0.053	0.053	0.053
10.0	0.032	0.032	0.032	0.032	0.032	0.032	0.032	0.032	0.032	0.032	0.032

计算时，先假定 k 值或 E_s 值，计算道面板理论弯沉值，与实测弯沉值进行对比。若两者相对误差小于5%，则假定的 k 值或 E_s 值即为道面结构基层顶面的反应模量和回弹模量值，否则，调整 k 值或 E_s 值，直至两者的相对误差值符合要求为止。

第八节　我国民用机场道面结构参数反演分析方法

一、水泥混凝土道面结构参数反演分析

1.测试方法

机场道面结构性能测试应选择跑道、滑行道和停机坪道面中承受飞机轮载最大的区域。道面结构性能测试应采用落锤式弯沉仪（Falling Weight Deflectometer，FWD）等无损检测方法。FWD弯沉测试应满足以下技术要求：

（1）承载板应采用 ϕ30cm 或 ϕ45cm 两种尺寸规格。

（2）荷载级位应以承载板中心弯沉 $d_0 \leqslant 110\mu m$ 进行控制，有条件时尽可能选用更大的荷载级位。

（3）弯沉传感器数量一般为5～9个，其中一个传感器必须布设在荷载中心位置，其他传感器可按照《民用机场道面评价管理技术规范》（MH/T 5024—2009）的要求布设。

（4）对于水泥混凝土道面或上面层为水泥混凝土的复合道面，FWD测试位置包括板中、板边中点和板角三种位置，板边中点测试时传感器可按照图3-24的要求布设。

对于水泥混凝土道面或上面层为水泥混凝土的复合道面，FWD弯沉测试可采用随机抽样的方法确定测试板块，抽样板块数量应满足式（3-23）的要求，也可按不少于板块总数的10%进行抽样。

$$n = \frac{n_0}{1 + \dfrac{n_0}{N}} \tag{3-23}$$

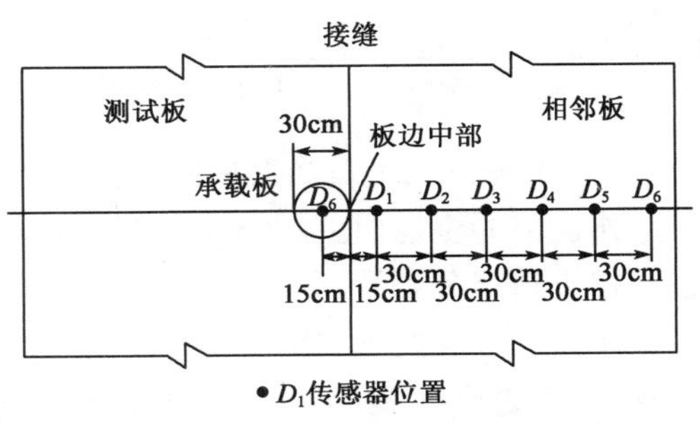

图3-24　板边中点FWD弯沉传感器布置示意图

式中：n——满足95%置信水平的最小抽样板块数量；

n_0——计算参数，取值为 $n_0=216$；

N——板块总数。

对于沥青混凝土道面或上面层为沥青混凝土的复合道面，可按照不小于1点/单元的抽样频率确定FWD弯沉测试点的数量。

对跑道、滑行道进行FWD测试时，测点应沿机场主要使用机型的两条轮迹线交替布置，测点纵向间距不大于50m，对于特殊位置可酌情增加测点；对停机坪进行FWD测试时，测点宜按网格状布置，测点间距一般为50～100m，特殊位置可酌情增加测点。在对沥青混凝土道面或上面层为沥青混凝土的复合道面进行FWD测试时，应考虑温度变化对弯沉的影响。

2. 道面类型

(1)水泥混凝土道面结构，包括在基层上铺筑混凝土板和直接在土基上铺筑混凝土板的道面结构。

(2)水泥混凝土道面上加铺沥青混凝土的道面结构，当沥青混凝土加铺层的厚度等于或小于原有水泥混凝土道面厚度时。

(3)水泥混凝土道面上加铺水泥混凝土的道面结构，包括部分结合式与分离式结构。当采用隔离式且隔离层厚度大于10cm时，仅对水泥混凝土加铺层进行结构参数反演。

弯沉盆面积指数法基于弹性地基板理论，可以反演水泥混凝土的弹性模量 E_r 和基层顶面的反应模量 k，在进行 E_r 和 k 反演分析时需要确定以下参数：

①水泥混凝土道面结构层的有效厚度。

②FWD测试设备的测试荷载、承载板尺寸，以及在板中测试时获得的弯沉盆数据。

3. 道面结构有效厚度确定

(1)水泥混凝土道面结构层的有效厚度

水泥混凝土道面结构的有效厚度 h_e 为水泥混凝土面层的实际厚度乘以道面厚度损坏折减系数 C_R。水泥混凝土面层的实际厚度可通过道面结构信息卡或者现场钻取芯样确定。如现场取芯，每个评价区域的芯样数量不宜少于3个，并按95%保证率计算水泥混凝土面层的实际厚度。水泥混凝土道面厚度损坏折减系数 C_R 可根据道面损坏等级，结合技术人员的工程经验参考表3-15确定。

水泥混凝土道面厚度损坏折减系数 C_R 取值范围 表3-15

道面损坏等级	优	良	中	次或差
C_R 取值范围①	1.00	0.75～1.00	0.50～0.75	0.35～0.50

注：①对于各损坏等级，PCI大时 C_R 取高值，PCI小时 C_R 取低值。

(2)水泥混凝土道面上加铺沥青混凝土道面的有效厚度

水泥混凝土道面上加铺沥青混凝土道面的有效厚度 h_e 应根据沥青混凝土加铺层的厚度，按照以下情况分别计算。

①当沥青混凝土加铺层的厚度等于或小于原有水泥混凝土道面厚度时，按水泥混凝土道面评价，有效厚度 h_e 仅考虑原水泥混凝土板及其上加铺层的厚度，按照式(3-24)进行当量换算。

$$h_e = \frac{0.4C_F h_F + C_R h_R}{F} \tag{3-24}$$

式中：h_e——复合道面的有效厚度(cm)；

C_F——沥青混凝土面层厚度损坏折减系数，按照表3-22取值；

h_F——沥青混凝土加铺层的实际厚度(cm)；

C_R——水泥混凝土道面厚度损坏折减系数，宜根据加铺设计资料推断原水泥混凝土道面损坏等级，按照表3-15取值；

h_R——原有水泥混凝土道面的实际厚度(cm)；

F——控制原道面开裂程度的系数，参照《民用机场沥青混凝土道面设计规范》取值。

②当沥青混凝土加铺层的厚度大于原有水泥混凝土道面厚度时，按沥青混凝土道面评价，有效厚度 h_e 考虑沥青加铺层、原水泥混凝土板的厚度，以及板下基层与垫层的厚度。有效厚度 h_e 的确定方法参照沥青混凝土道面结构的有效厚度的方法确定，其中，原水泥混凝土道面宜作为高质量的基层材料，厚度当量系数 α_i 的建议取值为2.0。

(3)水泥混凝土道面上加铺水泥混凝土道面的有效厚度

水泥混凝土道面上加铺水泥混凝土道面的有效厚度 h_e 根据新、旧道面层间的结合形式，按照以下情况分别计算。

①采用部分结合式时，有效厚度 h_e 按照式(3-25)进行计算。

$$h_e = \sqrt[1.4]{(C_{R1} h_{R1})^{1.4} + C_{R2} h_{R2}^{1.4}} \tag{3-25}$$

式中：h_e——复合道面的有效厚度(cm)；

C_{R1}——水泥混凝土加铺层厚度的损坏折减系数，按照表3-15取值；

h_{R1}——水泥混凝土加铺层的实际厚度(cm)；

C_{R2}——原有水泥混凝土道面厚度损坏折减系数，宜根据加铺设计资料推断原水泥混凝土道面损坏等级，按照表3-15取值；

h_{R2}——原有水泥混凝土道面的实际厚度(cm)。

②采用隔离式，且隔离层的厚度不大于10cm时，有效厚度 h_e 按照式(3-26)进行计算。

$$h_e = \sqrt{(C_{R1} h_{R1})^2 + C_{R2} h_{R2}^2} \tag{3-26}$$

式中各参数的意义及取值同式(3-25)。

采用隔离式，且隔离层的厚度大于10cm时，将原水泥混凝土道面作为基层，水泥混凝土加铺层作为面层，参考水泥混凝土道面结构的有效厚度的方法计算其有效厚度 h_e。

4. 数据的判别

FWD测试设备测试的数据包括：荷载、承载板尺寸，以及在板中测试时获得的弯沉盆数据。以下实测弯沉盆不宜用于道面结构参数反演分析。

(1)距离荷载中心近的传感器弯沉小于距离荷载中心远的传感器弯沉。

(2)相邻两个传感器的挠度衰减斜率大于同一区域平均相邻传感器弯沉衰减斜率的2倍。

5. 计算

宜选择间距为0.30m，距离荷载中心1.50m范围内各个传感器的弯沉计算弯沉盆面积指

数 A_W，计算公式如下：

$$A_W = \frac{s}{2d_0}[d_0 + 2(d_1 + d_2 + d_3 + d_4) + d_5] \tag{3-27}$$

式中：A_W——用于道面结构参数反演的弯沉盆面积指数(m)；

s——传感器之间的间距，取值为0.3 m；

d_0——荷载中心处弯沉值(m)；

d_i——第 i 个传感器的弯沉值(m)，$i = 1,2,3,4,5$。

由弯沉盆面积指数 A_W 查图3-25确定道面结构的相对刚度半径 l。如果 A_W 超出图中的取值范围，可由 A_W 与 l 之间的多项式回归式(3-28)计算 l 值。

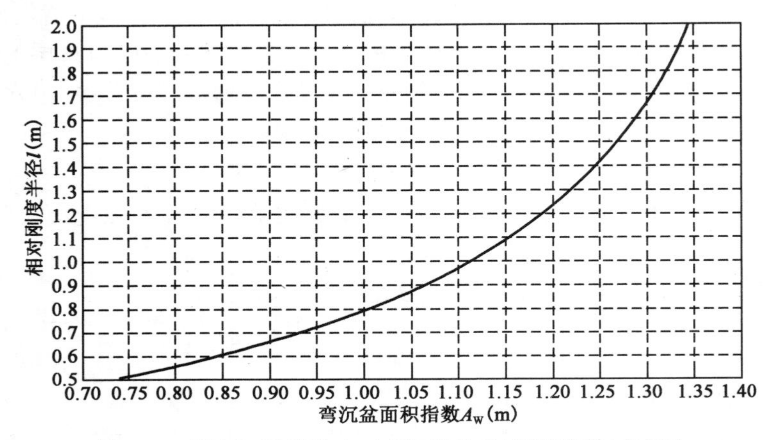

图3-25 弯沉盆面积指数 A_W 与道面结构相对刚度半径 l 的关系

$$l = a_1A_W^7 + a_2A_W^6 + a_3A_W^5 + a_4A_W^4 + a_5A_W^3 + a_6A_W^2 + a_7A_W^1 + a_8 \tag{3-28}$$

式中：l——道面结构的相对刚度半径(m)；

A_W——用于道面结构参数反演的弯沉盆面积指数(m)；

a_i——回归系数，$i = 1,2,\cdots,8$；取值见表3-16。

弯沉盆面积指数 A_W 与相对刚度半径 l 的多项式回归系数 表3-16

a_1	a_2	a_3	a_4	a_5	a_6	a_7	a_8
282	-1951	5779	-9477	9289	-5438	1761	-243

按式(3-29)计算基层顶面的反应模量 k。式中的弯沉系数 $\bar{w}(l)$ 是与道面结构相对刚度半径 l 有关的单调递减函数，可查图3-29确定，如果 l 超出图中的取值范围，可根据 l 与 $\bar{w}(l)$ 之间的多项式回归公式(3-30)计算。

$$k = \frac{qr\bar{w}(l)}{d_0} \tag{3-29}$$

式中：k——基层顶面的反应模量(MN/m^3)；

q——FWD测试承载板接地应力(MPa)；

r——FWD测试承载板半径，取值为0.15m；

$\bar{w}(l)$——荷载中心位置处的弯沉系数(m^{-1})，按照图3-26或者式(3-30)计算；

d_0——荷载中心处弯沉值(m)。

$$\bar{w}(l)=b_1l^7+b_2l^6+b_3l^5+b_4l^4+b_5l^3+b_6l^2+b_7l^1+b_8 \tag{3-30}$$

式中：$\bar{w}(l)$——荷载中心位置处的弯沉系数(m^{-1})；

l——道面结构的相对刚度半径(m)；

b_i——回归系数，$i=1,2,\cdots,8$；取值见表3-17。

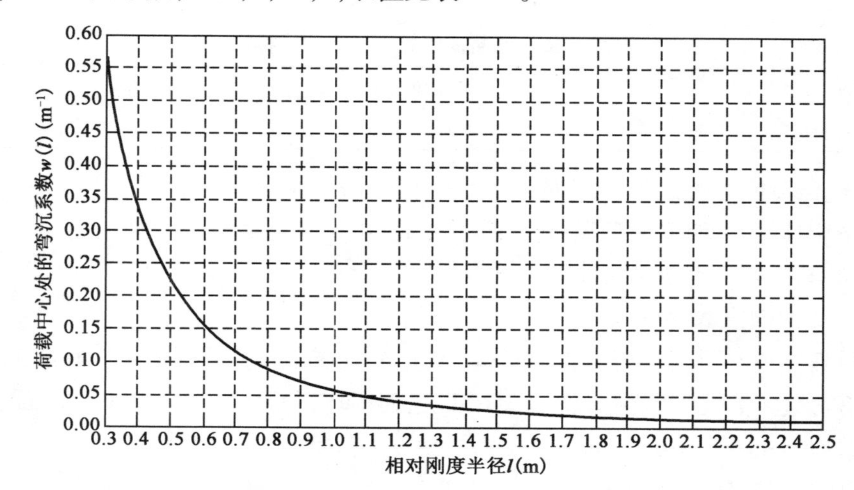

图3-26　道面结构相对刚度半径 l 与荷载中心处弯沉系数 $\bar{w}(l)$ 的关系

对刚度半径 l 与荷载中心位置处弯沉系数 $\bar{w}(l)$ 的多项式回归系数　　表3-17

b_1	b_2	b_3	b_4	b_5	b_6	b_7	b_8
-0.2	2.0	-8.9	21.8	-31.1	26.1	-12.1	2.5

按式(3-31)计算水泥混凝土板的弹性模量 E_r，如道面结构为水泥混凝土道面上加铺沥青混凝土或者加铺水泥混凝土等复合道面，所计算的弹性模量应作为复合道面的综合弹性模量，用于道面结构承载能力的分析与评价。

$$E_r=\frac{12(1-\mu^2)kl^4}{h^3}\times10^{-3} \tag{3-31}$$

式中：E_r——水泥混凝土板的弹性模量(GPa)；

μ——水泥混凝土材料的泊松比，取值为0.15；

k——基层顶面的反应模量(MN/m^3)；

l——道面结构的相对刚度半径(m)；

h——道面结构的有效厚度(m)。

6. 评定标准

(1)水泥混凝土道面接缝传荷能力评价以弯沉比传递系数 LTE_δ 作为指标，评价标准按表3-18执行。

水泥混凝土道面接缝传荷能力等级评定标准(LTE_δ 标准)　　表3-18

评定等级	好	中	次	差
LTE_δ(%)	>80	80~56	55~31	<31

（2）水泥混凝土道面板底脱空状况评价应通过 FWD 测试分析进行。不具备 FWD 测试条件时，可由技术人员根据道面病害进行经验判定。

①采用 FWD 分别测试同一板块板中、板边中点和板角位置的弯沉（承载板中心点弯沉 d_0），并计算“板边中点弯沉/板中弯沉”和“板角弯沉/板中弯沉”两项弯沉比，按照表 3-19 判定板底脱空状况。

水泥混凝土道面板底脱空状况判定标准 表 3-19

评价指标	板边中点弯沉/板中弯沉	板角弯沉/板中弯沉
评价标准	>2.0	>3.0

②当接缝传荷能力等级为“差”时，一般可判定为道面板底脱空。

③当接缝附近存在明显的唧泥、错台等现象时，可判定为道面板底脱空。

7. 水泥混凝土道面结构参数反演示例

（1）确定道面的有效厚度 h_e

某 4E 机场跑道为水泥混凝土道面结构，厚度 $h=40\text{cm}$。通过现场损坏状况调查，道面的 PCI 均值为 88，损坏等级为“优”。按表 3-15 取道面损坏折减系数 $C_R=1.0$。道面结构的有效厚度 $h_e=C_R\times h=40\times1.0=40\text{cm}$。

（2）FWD 弯沉数据分析处理

现场 FWD 弯沉测试原始数据如表 3-20 所示，经过分析都满足《民用机场道面评价管理技术规范》（MH/T 5024—2009）中条文 D.1.3 的要求，取其平均值用于结构参数的反演分析，如表 3-21 所示。

FWD 弯沉测试数据 表 3-20

测点	d_0（μm）	d_1（μm）	d_2（μm）	d_3（μm）	d_4（μm）	d_5（μm）	荷载接地应力（MPa）
1	135	123	114	103	90	78	2.0
2	118	108	101	92	81	71	2.1
3	101	90	83	75	66	57	2.1
4	116	105	96	87	75	65	2.0
5	124	112	104	94	84	74	2.0
6	141	127	116	102	88	75	2.0
7	97	88	81	74	64	55	2.0
8	128	117	110	100	91	81	2.1
9	92	78	66	55	43	34	2.1

用于结构参数反演的弯沉盆 表 3-21

测点	d_0（μm）	d_1（μm）	d_2（μm）	d_3（μm）	d_4（μm）	d_5（μm）	荷载应力（MPa）
均值	117	105	97	87	76	65	2.0

（3）道面结构参数反演

①由式（3-27）计算弯沉盆面积指数 A_w。

$$A_W=\frac{s}{2d_0}[d_0+2(d_1+d_2+d_3+d_4)+d_5]$$

$$=\frac{0.3}{2\times117}[117+2\times(105+97+87+76)+65]=1.17(\mathrm{m})$$

②由式(3-28)计算道面相对刚度半径 l。

$$l=a_1A_W^7+a_2A_W^6+a_3A_W^5+a_4A_W^4+a_5A_W^3+a_6A_W^2+a_7A_W^1+a_8$$

$$=a_1A_W^7+a_2A_W^6+a_3A_W^5+a_4A_W^4+a_5A_W^3+a_6A_W^2+a_7A_W^1+a_8$$

③由式(3-30)计算荷载中的弯沉系数 $\bar{w}(l)$。

$$\bar{w}(l)=b_1l^7+b_2l^6+b_3l^5+b_4l^4+b_5l^3+b_6l^2+b_7l^1+b_8$$

$$=-0.2\times1.14l^7+2.0\times1.14^6-8.9\times1.14^5+21.8\times1.14^4-31.1\times1.14^3+26.1\times1.14^2-12.1\times1.14^1+2.5$$

$$=0.045(\mathrm{m}^{-1})$$

④由式(3-31)计算基层顶面的反应模量 k。

$$k=\frac{qr\bar{w}(l)}{d_0}=\frac{2.0\times0.15\times0.045}{117\times10^{-6}}115(\mathrm{MN/m^3})$$

⑤由式(3-29)计算水泥混凝土的弹性模量 E_r。

$$E_r=\frac{12(1-\mu^2)kl^4}{h^3}\times10^{-3}=\frac{12\times(1-0.15^2)\times115\times1.14^4}{0.4^3}=36000(\mathrm{MPa})$$

二、沥青混凝土道面结构参数反演分析

1.道面类型

对以下道面结构采用 FWD 现场测试弯沉盆反演土基顶面的回弹模量 E_0。

(1)沥青混凝土道面结构。

(2)水泥混凝土道面上加铺沥青混凝土,且沥青混凝土加铺层厚度大于原有水泥混凝土道面厚度的复合道面结构。

2.沥青混凝土道面结构的有效厚度

沥青混凝土道面结构的有效厚度 h_e 为面层实际厚度经过损坏折减后,与基层、垫层实际厚度分别乘以材料当量系数(α 或 α_i),折算成的碎石层材料总厚度,见式(3-32)。

$$h_e=\alpha C_F h+\sum\alpha_i h_i \tag{3-32}$$

式中:h_e——沥青混凝土道面结构的有效厚度(cm);

C_F——沥青混凝土面层厚度损坏折减系数,按照表 3-22 取值;

α——沥青混凝土面层当量换算系数,按照表 3-23 取值;

h——沥青混凝土面层的实际厚度(cm);

α_i——基层和垫层的当量换算系数,按照表 3-23 取值;

h_i——道面基层或垫层实际厚度(cm)。

(1)沥青混凝土道面面层、基层、垫层的实际厚度通过现场取芯或道面结构信息卡确定。

采用现场取芯时，每个评价区域的芯样数量不宜少于3个，宜按95%保证率计算各结构层的实际厚度。

(2)沥青混凝土面层厚度损坏折减系数 C_F 可根据道面损坏等级，结合技术人员的工程经验参考表3-22确定。

沥青混凝土面层厚度损坏折减系数 C_F 取值范围 表3-22

道面损坏等级	优	良	中或中以下
C_F 取值范围①	1.00	0.75~1.00	0.50~0.75

注：①对于各损坏等级，PCI大时 C_F 取高值，PCI小时 C_F 取低值。

沥青混凝土道面各结构层的材料当量系数(α 或 α_i)应根据材料类型，结合技术人员的工程经验参考表3-23确定。

沥青混凝土道面结构层材料当量系数(α 或 α_i)取值范围 表3-23

层位	材料类型	当量系数(α 或 α_i)取值范围
面层	沥青混凝土	1.7~2.0
基层	沥青碎石	1.2~1.6
	碾压水泥混凝土	1.4~1.7
	水泥稳定粒料类	1.2~1.6
	石灰粉煤灰稳定粒料类	1.1~1.3
垫层	水泥稳定类	1.5~2.0
	石灰粉煤灰稳定类	1.2~1.5
	石灰稳定类	1.2~1.4
	级配碎石、砾石	1.0
	天然砂砾石	1.0

3. 测试要求

需要测试FWD测试设备的测试荷载、承载板尺寸和测试弯沉盆。一般要求最远端传感器距离荷载中心1.8~2.4m(有效厚度较小时取低值，较大时取高值)。

4. 计算

由式(3-33)计算土基顶面的回弹模量 E_0。

$$E_0=\frac{0.24P}{rl_r} \tag{3-33}$$

式中：E_0——土基顶面的回弹模量(MPa)；

P——测试荷载(kN)；

r——弯沉测点传感器离荷载中心的距离(一般取最远端传感器)(m)；

l_r——距离荷载中心 r(m)处的传感器实测弯沉值(μm)。

根据反演计算土基顶面回弹模量 E_0，再按式(3-34)推算土基CBR值。

$$\mathrm{CBR}=\frac{E_0}{\alpha} \tag{3-34}$$

式中：α——回归系数，取值范围 5 ~ 20，估算时可取为 10。

思考题与习题

1. 道面冲击刚度是如何定义的？其实质含义是什么？
2. 非破损试验的加载方式有几种？各自有什么特点？
3. 如何进行水泥混凝土板脱空分析？
4. 如何进行水泥混凝土板接缝分析？
5. 论述承载板道面弯沉测试的原理。
6. 分析落锤式弯沉仪的工作原理。
7. 如何用落锤式弯沉仪进行道面结构参数的测试。
8. 我国民用机场是如何进行水泥混凝土道面结构参数的测试和确定？
9. 我国民用机场是如何进行沥青混凝土道面结构参数的测试和确定？

第四章　道面摩擦和纹理的测试技术

第一节　概　　述

摩擦力和纹理的测试在过去50年中得到了发展。许多类型的设备发展用来测量这些特性。他们的差别(根据测试原理和设备以及测试数据的处理)具有重要意义。

对于摩擦力,有几种广泛使用的固定或滑动块的设备,速度可以到161km/h,以及可改变各种试验轮胎,如荷载、尺寸、轮胎面设计和结构、胎压。

道面表面的纹理深度,无论是细纹理、粗纹理还是宏纹理,都可以用各种方式进行测量。包括橡胶滑块测试装置、测试体积技术和排水率技术。

通常,关闭交通的测量设备更简单和相对便宜,以正常行驶的测量设备更复杂、昂贵,要求维护和操作更多的训练。随着数据获取方式、传感技术和计算机处理数据的发展,通过固定和低速设备保证数据质量的方式逐渐减少。从固定和低速设备获取准确的数据的方式被高速设备所替代,并且时间越来越短。

第二节　摩　　擦

在试验室和现场低速测定摩擦特性的两种普遍的设备是摆式摩擦仪BPT(British Pendulum Tester)和动态摩擦试验仪DFT(Dynamic Friction Tester)。这两种设备测定摩擦的方法是确定滑块或转盘接触道面表面的动能损失。这两种方法轻便和易于携带。DFT可测量在不同速度下的道面摩擦。

高速下道面摩擦力的测试是利用一个或两个全尺寸轮胎用下面四种方法之一进行道面摩擦特性测试:锁轮、侧向力、固定滑块和可变滑块。由于Henry (2000)在这方面研究的成果,最普遍的方法是锁轮法(ASTM E 274)。这种方法是利用无防锁刹车装置在紧急刹车时测定道面表面摩擦力。不同于侧向力和固定滑块方法,锁轮法更接近滑块速度等于滑行速度,意味着轮子被锁住不能转动。

锁轮法可以用摩擦数(FN或刹车数SN)来报告,并根据下面公式计算。

$$FN(V) = 100\mu = 100 \times \frac{F}{W} \tag{4-1}$$

式中:V——试验轮速度(km/h);

μ——摩擦系数;

F——作用在试验轮上的水平牵引力(kN);

W——作用在试验轮上的竖向力(kN)。

锁轮法通常在 64 ~ 96km/h 速度下进行试验。可以用光滑或粗糙轮胎。粗糙轮胎对道面表面积水薄膜厚度不敏感，因而对道面的粗纹理不敏感。另一方面，光滑轮胎对道面的粗纹理敏感。

侧向力方法（ASTM E 670）是测量车辆在弯道上保持控制和包括在轮胎与运动方向保持固定角和偏转角的能力。侧向力按下式计算：

$$\mathrm{SFC}(V,\alpha) = 100 \times \frac{F_s}{W} \tag{4-2}$$

式中：V——试验轮速度（km/h）；

α——偏转角（°）；

F_s——垂直于转动平面的力（kN）；

W——作用在试验轮上的竖向力（kN）。

由于偏转角特别小，在 7.5° ~ 20°之间，滑动速度也相当低，这意味着试验值对道面细纹理特别敏感，而对道面粗纹理不敏感。

两种最普遍的侧向力测试装置是 Side-Force Coefficient Road Inventory Machine（SCRIM）。最大的优点是在试验段内侧向力测试装置可以连续进行摩擦力的测量。避免了单个取样导致试验段内测试点的遗漏。

固定滑动装置测量摩擦力是由带自锁装置刹车的车辆进行的。固定滑动装置维持一个固定的滑动，代表性为 10% ~ 20%，将这一个竖向荷载作用在试验轮上。轮胎和道面在运动方向上的摩擦力被测量，滑动的百分率按下式计算。

$$\text{Percent Slip} = 100 \times \frac{V - r \times \omega}{V} \tag{4-3}$$

式中：Percent Slip——滑动与试验速度之比（%）；

V——试验速度（km/h）；

r——有效轮的滚动半径；

ω——试验轮的角速度（°）。

当滑动速度低时，试验装置对细纹理更加敏感。

可变滑动装置测量摩擦力，通过预先设置的滑动比确定试验轮。

第三节　纹　　理

当采用铺砂法（Sand Patch Method，SPM）、流出仪（Outflow Meter，OFM）和圆形纹理仪（Circular Texture Meter，CTM）测量纹理时，要关闭交通。

SPM 是一种抽样的体积测试法，用来评定道面表面的粗纹理，它是通过已知体积的砂撒铺在干净的道面上测量撒铺圆的直径。体积除以撒铺圆的面积可以得到平均纹理深度（MTD）。

OFM 是一种体积试验方法，它是测量水通过道面表面纹理的内部空隙的流动率。靠测定运动轮下水溢出的时间表示表面的打滑势能。设备由带橡胶环的底部和开放的顶部组成。传感器测量已知体积水通过密封和内部道面的必要时间。测量参数，溢流时间（OFT）表示粗纹理；高的 OFT 表示光滑的粗纹理，低的 OFT 表示粗糙的粗纹理。

CTM 是一种非接触的试验装置,它是以时间间隔 0.868s 在道面表面以直径 286mm 圆形路径测量表面剖面。纹理仪以 6m/min 旋转,在道面表面产生剖面痕迹,并传输和记录在便携式计算机上。通过平均剖面深度(MPD)和均方差(RMS)计算不同的粗纹理。MPD 是用二维评定表示三维的 MTD,它表示了 8 个单独的圆形试验段最高剖面峰值的试验值。RMS 是一个统计值,它指出了实际测量值偏离最合适面(理想剖面)的大小。

高速测量道面表面纹理特性典型的方法是非接触表面剖面技术。测量道面表面纹理特性的一个例子是 Road Surface Analyzer (ROSANv),它是由 FHWA 发展起来的。ROSANv 是一个沿着直线车道以车辆速度测量道面表面纹理特性的轻便、车载和自动测量仪器。ROSANv 将激光传感器安装在车的前保险杠上,以 113km/h 进行操作。系统能计算出 MPD 和评估平均纹理深度(EMTD),它是用变换方程将 MPD 转换为 MTD。

第四节　测量设备概述

表 4-1 和表 4-2 提供了高速摩擦测量设备的情况;表 4-3 和表 4-4 提供了低速和静态摩擦测量设备。表 4-5 和表 4-6 提供了高速纹理测量设备的简要情况;表 4-7 和表 4-8 提供了低速纹理测量设备的简要情况。

高速道面摩擦力测试方法汇总　　表 4-1

试验方法	相关标准	描　述	设　备	
锁轮法	ASTM E 274	该装置是安装在拖车上,测量车以 64km/h 速度牵引。水(0.5mm厚)作用在试验轮的前面,试验轮必须更低,并用制动系统锁住轮子。试验轮锁住后1~3 s测出抵抗牵引力。在轮子达到自由滚动之前可以重复测量	试验要求一个牵引车和带制动的拖车。轮子可以是橡胶(ASTM E 501)或光滑轮(ASTM E 524)。光滑轮对道面粗纹理变化较敏感,橡胶轮对道面粗纹理变化较敏感	
侧向力	ASTM E 670	侧向力摩擦力测试装置是测量垂直于一个或两个偏转轮行进方向的侧向力或侧向反力。水作用在道面表面(1.2L/min)。一个或两个偏转、自由转动轮作用在表面(代表速度为 64km/h)。侧向力、轮子荷载、距离、车辆速度被记录。典型以每 25~125mm 和平均 1m 间隔采集	The British Mu-Meter 在右上图,用两个偏转轮(7.5°),轮子可以是光滑的和橡胶的 英国道路摩擦系数日常调查设备(SCRIM),如右下图有一个 20°偏转轮	

续上表

试验方法	相关标准	描　　述	设　　备
固定滑动	多样	固定滑动装置是测量以一定滑动速度（10% ~20%）滚动的光滑轮的转动阻力。水（0.5mm厚）作用安装在速度为64km/h的拖车或车辆上后缩前面。试验轮靠链子或带子装置或水压制动系统以车辆速度的百分率限制滚动。靠力的传感器或拉力和扭矩测量装置测量轮子荷载的摩擦力。典型以每25 ~125mm和平均1m间隔采集数据	路面和跑道摩擦测试车（RFTs）.—机场表面摩擦测试车（ASFT），如右上图。 Saab Friction 测试车（SFT），如右上图。 U. K. Griptester，如右下图。 芬兰 BV-11.—路面分析和记录仪（ROAR）  
可变滑动	ASTM E 1859	可变滑块测量摩擦力是作为在轮子与路面表面之间的滑动函数（0 ~100%）。水（0.5mm厚）作用在道面表面，轮子允许自由滚动。试验轮速度逐渐减小，车辆速度、行驶距离、轮子转动速度和摩擦力，以2.5mm间隔或更小采集。原始数据过程进行过滤、滤波和报告	法国 IMAG。 挪威 Norsemeter RUNAR，如右图所示。 ROAR 和 SALTAR 系统 

高速道面摩擦力测试方法附加信息　　　　表4-2

试验方法	测量指标	应　　用	优　　点	缺　　点
锁轮法	测量抵抗拉力和作用在道面上轮子荷载，计算摩擦系数 μ。摩擦用摩擦数（F_N）或刹车数（SN）报告	现场试验（直线段）。道路网络摩擦跟踪	在美国得到广泛发展和应用。超过40个州使用锁轮装置。系统友好、简单、不浪费时间	只能在直线段（没有曲线、T形段和环形路）。因为测量的间隔会错过光滑点
侧向力	垂直于转动平面的侧向力被测量，用来平均计算 M_U 当选数值 M_{nN} 或者是侧向力系数	直线、曲线和陡坡段现场试验。不同用途的数据能分别采集	相关性好，控制刹车类似于固定滑块装置。在测试段进行连续测量。在欧州普遍采用	对路面非规律性非常敏感（空洞、裂缝等），它迅速损坏轮子。Mu-Meter最初只用在美国的机场
固定滑动	测量的抵抗拉力和作用在道面上车轮荷载被用来计算摩擦系数 μ。摩擦用 F_N 表示	现场试验（直线段）； 网络摩擦的监测； 工程摩擦的监测	连续、高摩擦搜集	固定滑块采用一定滑动速度。不能一直与标准的滑动速度相符，特别是在有冰和雪覆盖的路面。在连续测试时需要大量的水。有用数据减小

续上表

试验方法	测量指标	应用	优点	缺点
可变滑动	当使用可变滑动进行测量时，系统提供滑动摩擦与滑动速度关系的图表。可得到下面结果： 纵向滑动摩擦数； 峰值滑动摩擦数； 标准摩擦比； 滑动率； 滑动与制动的摩擦数； 估计的摩擦数； Rado 形状因素。 当采用锁定轮进行测量时，系统提供 F_N 值	现场试验（直线或曲线段）； 网络摩擦的监测； 工程摩擦的监测	能够提供连续、期望和变化的滑动摩擦值。能够提供 Rado 形状因素详细评定	大型、复杂、高维护费用和复杂数据处理，必要的分析测试过程需要大量的水

要求交通控制的道面摩擦测试方法汇总 表 4-3

试验方法	相关标准	描述	设备	
停止距离测量	ASTM E 445	道面表面水会飞溅直到完全渗透为止。车辆以一定速度（64km/h）在道面行驶。轮子被锁定，达到完全停止时的距离被测量。或选用防抱死装置（ABS）	轿车或轻型卡车（至少3200 磅）详细要求。制动系统应是完整的并保持持续不变的锁定。轮胎是 ASTM E 501 有肋的设计	
减速率测量	ASTM E 2101	试验是在冬天污染的条件下，在标准速度（32 ~ 48km/h），采用制动锁住轮子一直到减速率能够被测量减速率用来摩擦计算	机器和减速设备如右图所示，用来测量和记录停止过程中的减速率	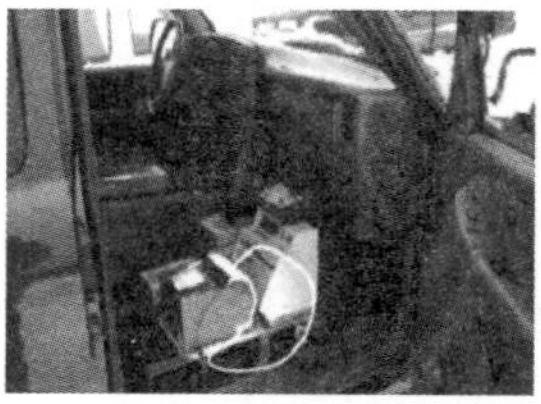
便携试验装置	ASTM E 303，ASTM E，1911	便携试验装置能够测量道面表面的摩擦特性。试验人员在试验室和现场作摆式和滑块理论测量摩擦。 摆式摩擦仪（BPT）在标准橡胶滑块与道面表面产生一个低速的滑动。上升的摆臂的读数提供摩擦特性。靠人读取 5 个代表性数据。 动态摩擦试验仪采用旋转三个的小弹簧荷载、橡胶垫片沿圆形轨道以 5 ~ 89km/h 速度覆盖在道面表面测量扭矩。在试验过程中水以 3.6L/min 作用在道面上。转动速度、转动扭矩和向下荷载用电子方式被测量和记录	BPT 操作和说明见右上图。 DFT 见右下图，是一个被电子控制的模型系统。速度为 20、40、60、80km/h 的结果被记录，并绘制出速度与摩擦的关系。它固定在汽车的主梁上，并配备水箱和便携式计算机	 

要求交通控制的道面摩擦测试方法附加信息　　表 4-4

试验方法	测量指标	应　用	优　点	缺　点
停止距离测量	停止距离数（SDN）或者摩擦系数（μ）按下式确定： $\mu = \frac{v^2}{2 \times g \times d}$ 式中：μ——摩擦系数； v——车辆制动速度； g——重力加速度，取9.81 m/s^2； d——停止距离（m）	现场试验（直线段）碰撞调查	确定道面摩擦最简单方法	测试值重复性差，要求交通控制
减速率测量	测量减速率是用来计算道面表面的摩擦系数，使用下面公式。 $\mu = \frac{\text{Measured Deceleration}}{g}$ 式中：μ——摩擦系数； g——重力加速度，取9.81 m/s^2。 通过用完全停止或部分停止时制动时间测量减速率来划分初始和最终减速率	现场试验（直线段）碰撞调查	系统易于使用，小、便携、重量轻，易于安装和移动	要求突然制动，这样的刹车是不希望的。 不能用于网络评定，一般要求关闭交通
便携试验装置	BPT 提供校准后摆锤回转高度确定的摆值。 动态摩擦试验仪（DFT）得出 DFT 值或摩擦系数，摩擦系数与转动速度的关系。该仪也可报告峰值摩擦、峰值滑动速度和国际摩擦指数（IFI），由 $F(60)$ 和 S_p 表示	无论是在现场还是试验室样本分析，BPT 提供摩擦与细纹理的关系。也可用不评定摩擦和纹理的摩磨损。 DFT 能用于现场和实验室高质量/高品质试验，方案和摩擦数据的分析	BPT 作为测试摩擦和纹理的装置在全世界广泛使用。适合于现场和试验室评定。也能用于测量道面与轮胎的纵向和横向摩擦。 DFT 有良好的重复和再现性，不受操作人员和风的影响。能够提供高速下的摩擦系数。能够进行 IFI 的统计，与 BPN 有良好的相关性	BPN 变异性大，受操作人员和风的影响。 两种便携式试验仪都需要进行交通控制。不能全面反映道面与轮胎之间的特性。只能进行一个点的测量，不能用于网络评定。对于给定段的道面必须进行整个段的测量

高速道面表面纹理试验方法汇总　　表 4-5

试验方法	相关标准	描　述	设　备	
电子激光仪（EOM）	ASTM E 1845 ISO 13473-1 ISO 13473-2 ISO 13473-3	非接触高速激光器以间隔0.25mm或更小采集道面表面的起伏。因而这种仪器可以测量道面表面的粗纹理（0.5～50mm）剖面和指数。全球定位系统也用该仪器帮助确定试验位置。数据采集和处理软件过滤和计算粗纹理剖面和纹理指数	高速激光纹理测量设备（如 FHWA ROSAN system，见右图）是水平距离和测量设备和高速采样（64kHz，或更高）激光器三角传感器的结合。垂直析象能力通常是0.5mm或更小。激光设备安装在高速车辆上，数据采集和储存在便携计算机中	

高速道面表面纹理试验方法附加信息 表 4-6

试验方法	测量描述	优点	缺点
电子激光仪（EOM）	在测量纹理剖面时，EOM 系统计算峰值和平均上升高度的平均剖面深度（MPD），适用于连续 50mm，平均 100mm 剖面。在国际 PIARC 试验中，用 MPD 与 MTD 关系计算评估的 MTD（EMTD）。RMS 粗纹理也能计算。使用功率频密度计算纹理波长功率	高速下连续采集。与 MTD 关系良好。 能够提供与摩擦与应的速度值	设备昂贵。 要求熟练操作仪器和数据处理

要求交通控制的道面表面纹理试验方法汇总 表 4-7

试验方法	相关标准	描述	设备	
铺砂法	ASTM E 965 ISO 10844	基于点的体积法提供道面表面粗纹理平均深度。操作者通过已知体积的砂撒铺在干净的道面上测量撒铺圆的直径，随后得到平均纹理深度	设备包括：挡风板，2500mm³ 的容器，尺，刷，盘（直径为 60 ~ 65mm），ASTM D 1155 玻璃珠	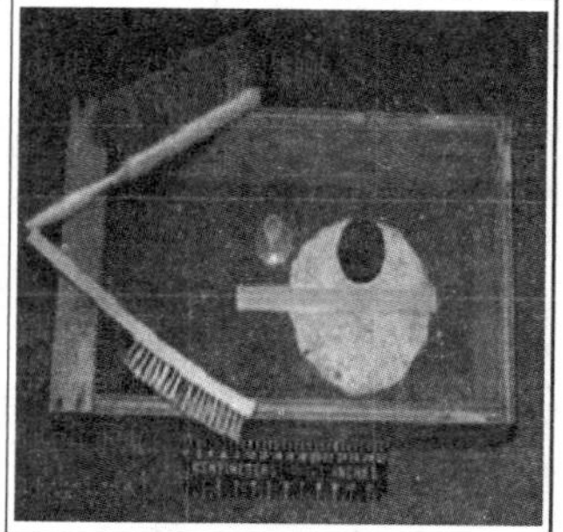
流出仪（OFM）	ASTM E 2380	它利用体积试验法测量水通过道面表面纹理的内部空隙的流动率。靠测定运动轮下水溢出的时间表示表面的打滑势能。与其他纹理方法的相关性也得到发展	设备是一个底部橡胶垫和顶部开放的圆柱体。传感器测量已知体积水通过道面封闭下的进入道面时的时间	
圆形纹理仪（CTM）	ASTM E 2157	CTM 是一种非接触的试验装置，它是以时间间隔 0.868s 在道面表面以直径 286mm 圆形路径测量表面剖面。纹理仪以 6m/min 旋转，相匹配的 DFT 测量路径。在道面表面产生剖面痕迹和道面表面平均纹理深度（MPD）	设备包括：水供应器，便携计算机，纹理尺仪	 

要求交通控制的道面表面纹理试验方法附加信息　　表4-8

试验方法	测量指标	优点	缺点
铺砂法	粗纹理的平均纹理深度(MTD)按下式计算 $$\mathrm{MTD}=\frac{4V}{\pi D^2}$$ 式中:MTD——平均纹理深度(mm); V——摊铺体积(mm^3); D——摊铺圆形的直径(mm)	方法、设备简单和便宜。 与其他方法相结合能够提供摩擦信息。 被广泛使用的方法	方法操作慢,关闭车道。 只能反映小面积。 只能测量粗纹理。 操作人员影响大。 劳动强度大
流出仪(OFM)	流出时间(OFT)对特定体积的水流出时间是毫秒级的。时间越短道面越粗糙	方法简单和设备便宜。在潮湿天气下能指出打滑势能	方法操作慢,关闭车道。 只能反映小面积。 与MPD和MTD没有很好的相关性
圆形纹理仪(CTM)	CTM提供的指标包括平均剖面深度(MPD)和粗纹理均方差(RMS)	DFT测量同样直径时,可以进行纹理与摩擦对比。 可重复性、可再生性不依赖操作者。 与MTD相关性好。 测量正负纹理。 重量小(13kg),便于携带。 安装时间短(小于1min)	方法操作慢(大约45s完成),关闭车道。 只能反映小面积

第五节　摩擦指数

摩擦指数已经使用很长时间。1965年,ASTM开始将刹车数(SN)(ASTM E 274)当作摩擦系数的选择方法之一。近几年,AASHTO采用E 274试验方法,将刹车数(SN)改为摩擦数(FN)。在1990年早期,PIARC基于国际交流研究发展了国际摩擦指数。精确的IFI模型由Ph. D. 论文的一部分发展起来(Rado, 1994)。摩擦指数的使用考虑了不同摩擦测量方法对细纹理和粗纹理的不同敏感性的一致性。

一、摩擦数

摩擦数(FN)[或滑动数(SN)]是由ASTM E 274的锁轮试验装置,通过时间间隔得到摩擦系数平均值。以通过前面的式(4-1)计算。报告值范围0~100,0表示没有摩擦力,100表示完全摩擦力。

FN通常包括速度和试验中采用的轮胎类型。例如FN40R=36表示摩擦值=36,测量的速度为40mile/h(64km/h),采用带肋的轮。类似地,FN50S=29表示摩擦值=29,测量的速度为29,采用光滑的轮。

二、国际摩擦指数

1992年,PIARC(Permanent International Association of Road Congresses)发起国际摩擦交流

研究,有16个国家参与。试验发生在美国和欧洲54个地方,采用51种测量系统。对各种摩擦测量设备进行评估,包括锁轮、固定滑动、ABS可变滑动、侧向力、摆式仪和几种原型设备。表面纹理采用铺砂、激光仪(采用三角测量)、光学仪(采用使用小断面方法)和溢流仪。

PIARC取得的主要试验结果之一是国际摩擦指数(International Friction Index,IFI)的建立和发展。IFI是依靠滑动速度建立起来的,摩擦的测量与测量车辆轮胎的滑动速度有很大关系,测量的摩擦值的梯度在60km/h上下,作为指数模型表示IFI。摩擦值的梯度被命名为速度数(S_P),报告范围1~500km/h。

PIARC大量试验证明S_P是粗纹理对摩擦的影响。有几个理由说明粗纹理是对摩擦的主要贡献者。最主要的理由是在下雨和下雨后立即潮湿道面的排水能力。这种能力将打滑的可能性降至最小。另一个理由是一段道面经过使用后,S_P值的改变可以说明粗纹理的磨损和磨光。

一个有明确峰值型或急剧下降的摩擦—滑动速度曲线被认为是危险的。在制动踩到最大时,正常的驾驶者会有意想不到的制动损失,制动达不到最大值。因此,希望得到最小可能的下降或平坦的摩擦—滑动速度曲线,要有合适的粗纹理。

IFI由两个数组成,即$F(60)$和S_P,报告形式为IFI($F(60)$,S_P)。IFI是基于摩擦系数,是滑动速度和纹理的函数的数学模型(PIARC摩擦模型)。使用下面的公式可以得到IFI的速度数和摩擦数(米制单位,as outlined in ASTM E 1960)。

$$S_P = a + b \times \mathrm{TX} \tag{4-4}$$

式中:S_P——IFI速度数;

a、b——常数,取值取决于测量粗纹理的方法;

对于MPD(ASTM E 1845),$a=14.2$和$b=89.7$;

对于MTD(ASTM E 965),$a=-11.6$和$b=113.6$;

TX——粗纹理(MPD或MTD)测量值(mm)。

$$\mathrm{FR}(60) = \mathrm{FR}(S) \times e^{\frac{S-60}{S_P}} \tag{4-5}$$

式中:FR(60)——从滑动速度S到60km/h摩擦测量FR(S)调整值;

FR(S)——滑动速度S的摩擦值;

S——选择的滑动速度(km/h)。

$$F(60) = A + B \times \mathrm{FR}(60) + C \times \mathrm{TX} \tag{4-6}$$

式中:$F(60)$——从式(4-6)获得IFI摩擦数;

A、B——取决于摩擦测量设备的常数;

C——要求使用带肋纹轮胎进行测量的常数。

前面的公式被用来调整速度不是64km/h的标准测量,用ASTM E 274拖车时可用下式计算FN40。

$$\mathrm{FN}(S) = \mathrm{FN}_V \times e^{-\frac{S-V}{S_P}} \tag{4-7}$$

例如,一个低速度测量,比如说32km/h,或者,高速度96km/h。令$S=64$km/h,$V=$测量速度(32或96km/h),就可以调整到FN40。

使用 IFI 评定任何速度下的摩擦值如图 4-1 所示。已知测量在 60km/h 的 S_P 和摩擦值 $F(60)$，在任何滑动速度下的摩擦值通过选择 S 可以估算。摩擦曲线用前面的公式绘制，$F(60)$ 和 S_P 在图 4-1 中给定。

道面表面的 S_P 可以通过测定粗纹理得到。S_P 也能通过相同的车辆行驶速度，以不同的滑动速度下，道面表面两个测量的速度的最小值获得。有些摩擦测量装置可以同时测量摩擦力和粗纹理。IFI 使用无 ABS 防抱死紧急制动来描述摩擦过程，然而，Rado 模型（后面讨论）使用 ABS 防抱死用最初的刹车力来描述摩擦过程。

三、Rado IFI 模型

对于评估具有 ABS 的刹车作用，当轮子仍然转动并且低速滑动时，最大摩擦值是根本的。在这样的条件下，轮子能进行车辆方向控制，并能完成刹车。在锁轮状态下，轮子不能贡献方向控制。Rado 模型靠建立最大摩擦值弥补 PIARC 模型。模型采用下面的形式：

$$\mu(S)=\mu_{max}\times e^{-\left[\frac{\ln\left(\frac{S}{S_{max}}\right)}{\hat{C}}\right]^2} \tag{4-8}$$

式中，μ_{max}是最大摩擦值；S_{max}是相对应的滑动速度，以及已知的临界滑动速率。换句话说，当轮胎在道面上具有 S_{max}滑动速度并且依然在滚动，就可以得到μ_{max}。

在 PIARC 模型中，$\hat{C}$ 是形状因素，与速度常数 S_P 关系密切。$\hat{C}$ 参数决定整个摩擦曲线（图 4-2）的转折形状。

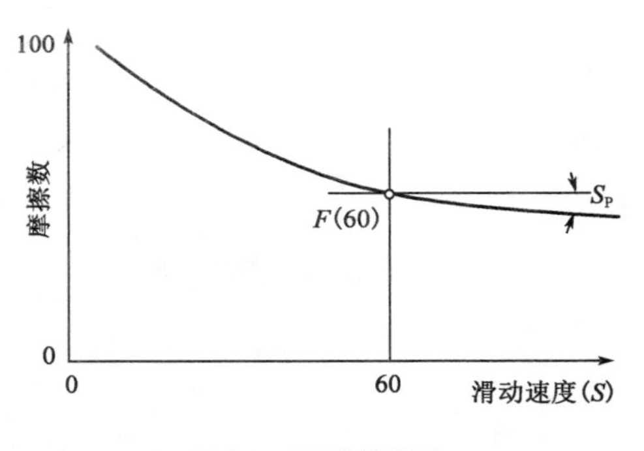

图 4-1　IFI 摩擦模型

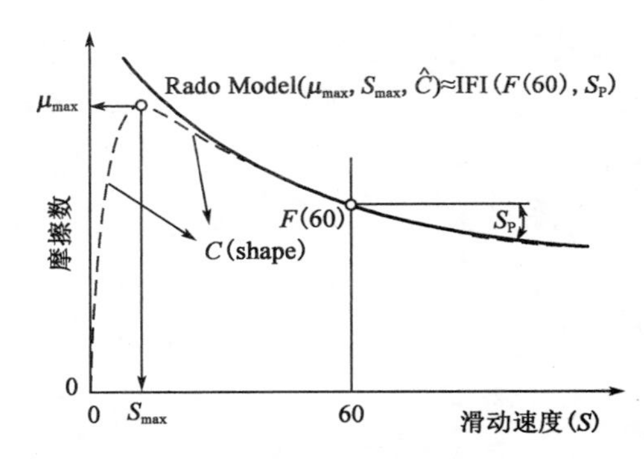

图 4-2　IFI 和 Rade IFI 摩擦模型

Rado 模型作为表面和轮胎特性，用测量速度和滑动速度的函数来表述μ_{max}。

Rado 模型有助于自身决定从自由滚动到锁轮状态的刹车过程的真实摩擦曲线。可变滑动测量装置能利用该模型通过描述整个摩擦过程的三个参数（μ_{max}、S_{max}、$\hat{C}$）表述它们的测量。利用不同的数学处理方法，这三个参数可以评估原始测量数据。三个数据形成的数学形式可以重新得到整个摩擦曲线，减少数千个测量数据。

以恒定的行驶速度，靠控制测量轮的刹车可以表现出整个技术。通过有效的滑动速度，测量轮刹车逐渐从自由滚动到锁定状态。

通过数百个已知滑动速度的样本，摩擦数曲线适用于已知的数据点。摩擦数曲线被确定。最大摩擦值的公式也能得到。利用该公式，可以得到在同样的环境条件下，对于任何滑动速度和行驶速度，摩擦值可以得到并表现出来。

Rado 模型可以直接报告 IFI、$F(60)$、S_P。当转换为对数形式，S_P 是摩擦曲线在 $F(60)$ 点得到的值。对于同样的轮胎，采用该模型可以预知测试段在其他速度下的最大摩擦值。

四、指标关系

经过很多年，不同摩擦和纹理测量技术之间的关系得到完成。在超过道面条件范围确定细纹理和粗纹理是如何影响道面与轮胎之间的摩擦的确定关系是重要的。下面讨论关键的关系。

1. 细纹理

普遍的，在现场无法测量细纹理。甚至在试验室需要专门的仪器进行测量。由于这个原因，细纹理只与低速滑动摩擦有关。

在过去，最普遍的设备是 BPT（ASTM E 303），能得到低速潮湿摩擦数 BPN。更新的设备是 DFT（ASTM E 1911），它可以测量 0～90km/h 滑动速度的摩擦。DFT 在 20km/h 在全世界被越来越多地使用，替代 BPN。NASA Wallops Friction Workshops 试验表明 DFT(20) 比 BPN 有更好的重复性。

2. 粗纹理

最初用来表述粗纹理的指标是 MTD 和 MPD。在国际 PIARC 试验中确定 IFI 中速度常数 S_P 的是 MPD，获得好的预测值。粗纹理指标之间允许转换，下面的关系得到确定（PIARC，1995）：

从 MPD 的剖面测量值可以估计 MTD（ASTM E 1845）：

$$\text{评估 MTD(或 EMTD)} = 0.79 \times \text{MPD} + 0.23 \quad (\text{mm}) \tag{4-9}$$

由 MPD 测量获得的 CTM 可以估计 MTD（ASTM E 2157）：

$$\text{EMTD} = 0.947 \times \text{MPD} + 0.069 \quad (\text{mm}) \tag{4-10}$$

当使用 OFM 设备时，流出时间（OFT）可以估计 MTD（ASTM E 2380）（PIARC，1995）：

$$\text{EMTD} = (3.114/\text{OFT}) + 0.656 \quad (\text{mm}) \tag{4-11}$$

3. 摩擦（细纹理和粗纹理）

使用光滑轮胎（ASTM E 524）和带肋轮胎（ASTM E 501）的车辆，在行车速度（如，>64km/h），可由道面的细纹理和粗纹理预先确定 FN。式(4-7)～式(4-9)的关系是基于使用 SPM（ASTM E 965）和 BPN（ASTM E 303）的粗纹理测量作为替代细纹理。类似的公式也可以通过其他粗纹理测试方法（如 DFT(20) ASTM E 1911）得到并替代细纹理（如 DFT(20) [ASTM E 1911]）。IFI 提供了一个通过下面公式的方法来达到这种目的。

$$\text{BPN} = 20 + 0.405 \times \text{FN40R} + 0.039 \times \text{FN40S} \tag{4-12}$$

$$\text{MTD} = 0.039 - 0.0029 \times \text{FN40R} + 0.0035 \times \text{FN40S} \tag{4-13}$$

式中：BPN——摆式摩擦仪摆值；

FN40R——带肋轮胎在 40mils/h(64km/h) 的摩擦数；

FN40S——光滑轮胎在 40mils/h(64km/h) 的摩擦数；

MTD——平均纹理深度(in)。

公式表明了 BPN(细纹理)是一个数量级,带肋轮胎以光滑轮胎作用更大。MTD(粗纹理)则相反。基于 NASA Wallops Friction Workshops 的数据(400 个测量值)得到 $R^2=0.86$ 的关系式。

$$FN40R = 1.19 \times FN40S - 13.3 \times MTD + 13.3 \tag{4-14}$$

由光滑轮胎摩擦和纹理测量确定的 IFI,作为参考用来预测 FN40R。然而,BPN 不可重复性,公式只对关系中用到 BPT 时有效。基于这种情况,下面的 DFT(20) 和 MPD (来自 CTM) 的关系可以用 NASA Wallops Friction Workshops 的数据建立进来。

$$FNS = 15.5 \times MPD + 42.6 \times DFT(20) - 3.1 \tag{4-15}$$

$$FNR = 4.67 \times MPD + 27.1 \times DFT(20) + 32.8 \tag{4-16}$$

作为 FN40S 和 MPD 函数的 FN40R 的关系如下:

$$FN40R = 0.735 \times FN40S - 1.78 \times MPD + 32.9 \tag{4-17}$$

第六节　纹理深度测试方法

一、手工铺砂法

1. 目的与适用范围

本方法适用于测定沥青道面和水泥混凝土道面表面构造深度,用以评定道面表面的宏观粗糙度、道面表面排水性能及抗滑性能。

2. 仪具与材料

(1)人工铺砂仪。由量砂筒、推平板组成。

①量砂筒。形状尺寸见图 4-3a),一端是封闭的,容积为 25mL ±0.15mL,可以通过称量砂筒中水的质量以确定其容积 V,并调整其高度,使其容积符合要求。带一个专门的刮尺将筒口砂刮平。

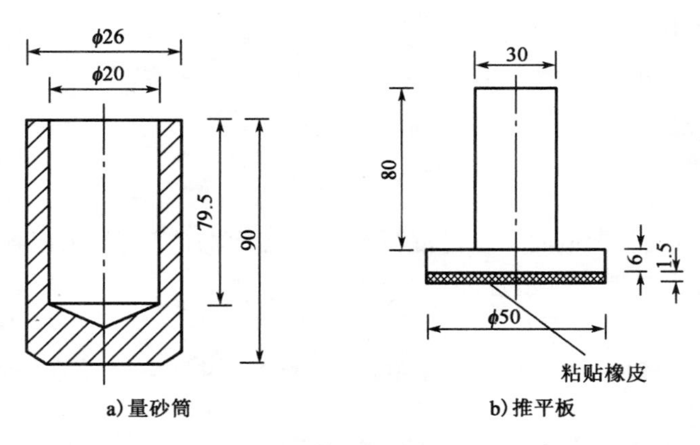

图 4-3　量砂筒和推平板示意图(尺寸单位:mm)

②推平板。形状尺寸见图 4-3b),推平板应为木制或铝制,直径 50mm,底面粘一层厚 1.5mm的橡胶片,上面有一个圆柱把手。

③刮平尺。可用30cm钢尺代替。

(2)量砂。足够数量的干燥的均匀质砂,粒径为0.15～0.3mm。

(3)量尺。钢板尺、钢卷尺或采用按式(4-18)将直径换算成构造深度作为刻度单位的专用的构造深度尺。

(4)其他。装砂容器(小铲)、扫帚或毛刷、挡风板等。

3. 方法与步骤

(1)准备工作

①量砂准备。取洁净的细砂晾干、过筛,取粒径为0.15～0.3mm的砂放在适当的容器中备用。量砂只能在道面上使用一次,不宜重复使用。回收砂必须干燥、过筛处理后方可使用。

②对测试部位按随机取样选点的方法,决定测点所在位置。并符合现有军用和民用有关规范的要求。

(2)试验步骤

①用扫帚或毛刷将测点附近的道面清扫干净,面积不小于30cm×30cm。

②用小铲向圆筒内注满砂,手提圆筒上方,并在道面上墩2～3次,使之墩实,补足砂面用钢尺一次刮平,或者去掉高出筒顶的砂。

③将圆筒里的砂倒在已扫净的测试道面上,随即将砂摊开。以贴有橡胶的平木盘圆面将砂由里向外摊铺运动,稍稍用力将砂细心地尽可能向外摊开,使砂填进凹凸不平的道面表面中,尽可能将砂摊成一个圆形,不得在表面上留有浮动余砂。注意摊铺时不可用力过大或向外推挤。

④用钢尺测量所构成圆的两个垂直方向的直径,取其平均值,准确至5mm。

4. 计算

道面表面平均纹理深度按下式计算:

$$TD = \frac{1000V}{\pi D^2/4} = \frac{31831}{D^2} \tag{4-18}$$

式中:TD——表面平均纹理深度(mm);

V——砂的体积($25cm^3$);

D——砂摊成圆形的平均直径(mm)。

二、电动铺砂法

1. 目的与适用范围

本方法适用于测定沥青道面和水泥混凝土道面表面构造深度,用以评定道面表面的宏观粗糙度、道面表面排水性能及抗滑性能。

2. 仪具与材料

(1)电动铺砂仪。利用可充电的直流电源将量砂通过砂漏铺设在宽度5cm、厚度均匀一致的器具。见图4-4。

(2)量砂。足够数量的干燥的均匀质砂,粒径为0.15～0.3mm。

(3)标准量筒。容积50mL。

(4)玻璃板。面积大于铺砂器,厚5mm。

(5)其他。直尺、扫帚、毛刷等。

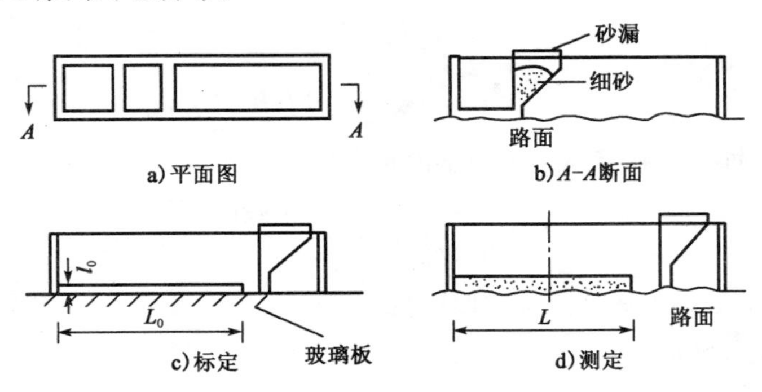

图4-4　电动铺砂仪

L_0-量砂的摊铺长度(mm);l_0-量砂的摊铺厚度(mm);L-道面上50mL量砂的摊铺长度(mm)

3. 方法与步骤

(1)准备工作

①量砂准备。取洁净的细砂晾干、过筛,取粒径为0.15~0.3mm的砂放在适当的容器中备用。量砂只能在道面上使用一次,不宜重复使用。回收砂必须干燥、过筛处理后方可使用。

②对测试部位按随机取样选点的方法,决定测点所在位置。并符合现有军用和民用有关规范的要求。

(2)电动铺砂仪标定

①将电动铺砂仪平放在玻璃板上,将砂漏移至铺砂器端部。

②将灌砂漏斗口和量筒口大致齐平。通过漏斗向量筒缓缓注入准备好的量砂至高出量筒成尖项状,用直尺沿筒口一次刮平,其容积为50mL。

③将漏斗口与铺砂器砂漏止口大致齐平。将砂通过漏斗均匀倒入砂漏,漏斗前后移动,使砂的表面大致齐平,但不得用任何其他工具刮动砂。

④开动电动马达,使砂漏向另一端缓缓运动,量砂沿砂漏底部铺成图4-5所示的带状,待砂全部漏完后停止。

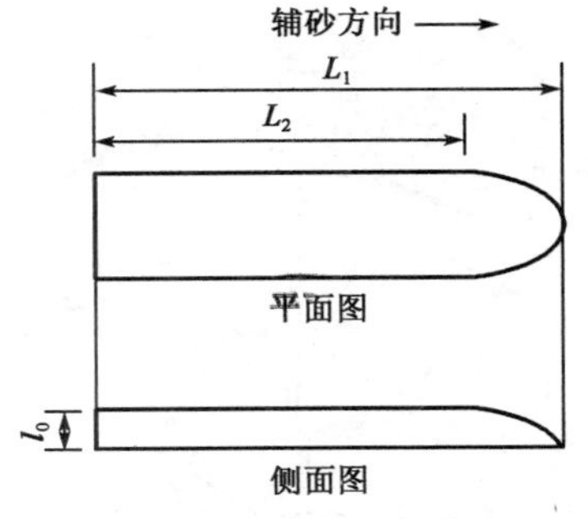

图4-5　决定L_0的方法

⑤按图4-5,依据下式由L_1和L_2的平均值决定砂的摊铺长度L_0,精确至1mm。

$$L_0 = \frac{L_1 + L_2}{2} \tag{4-19}$$

式中:L_0——量砂的摊铺长度(mm);

L_1、L_2——见图4-5(mm)。

⑥重复标定3次,取平均值决定L_0,精确至1mm。

标定应在每次测试前进行,用同一种砂,由同一个试验员承担测试。

(3)测试步骤

①用扫帚或毛刷将测点附近的道面清扫干净,面积大于铺砂仪。

②将铺砂仪沿道面纵向平稳地放在道面上,将砂漏移至端部。

③按上述电动铺砂仪标定中②~⑤相同的步骤,在测试地点摊铺50mL量砂,按图4-5的

方法量取摊铺长度 L_1 和 L_2，由下式计算 L，精确至 1mm。

$$L = \frac{L_1 + L_2}{2} \tag{4-20}$$

4. 计算

（1）按下式计算铺砂仪在玻璃板上摊铺的量砂厚度。

$$t_0 = \frac{V}{B \times L_0} \times 1000 = \frac{1000}{L_0} \tag{4-21}$$

式中：t_0——量砂在玻璃板上摊铺的标定厚度（mm）；

V——砂的体积（50mL）；

B——铺砂仪铺砂宽度，$B = 50$mm；

L_0——玻璃板上 50mL 量砂的摊铺长度（mm）。

（2）按下式计算道面构造深度。

$$\mathrm{TD} = \frac{L_0 - L}{L} \times t_0 = \frac{L_0 - L}{L \times L_0} \times 1000 \tag{4-22}$$

式中：TD——表面平均纹理深度（mm）；

L——道面上 50mL 量砂的摊铺长度（mm）。

第七节　摩擦系数测试方法

一、摆式仪测定道面摩擦系数

1. 目的与适用范围

本方法适用于以摆式摩擦系数测定仪（摆式仪）测定沥青道面和水泥混凝土道面的摩擦系数，用以评定道面在潮湿状态下的抗滑能力。

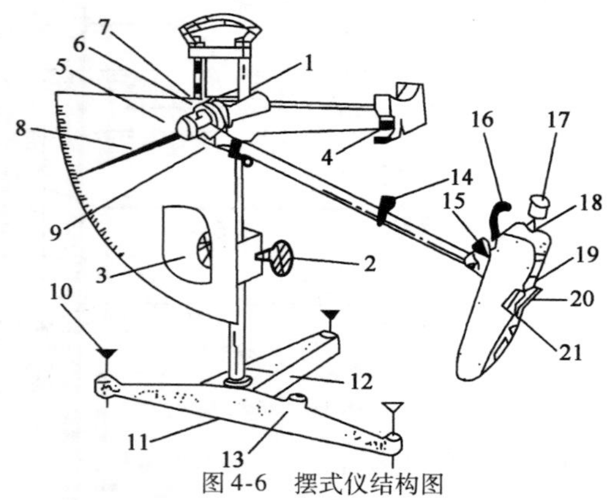

图 4-6　摆式仪结构图

1、2-紧固把手；3-升降把手；4-释放开关；5-转向节螺盖；6-调节螺母；7-针簧片或毡垫；8-指针；9-连续螺母；10-调平螺栓；11-底座；12-垫块；13-水准泡；14-卡环；15-定位螺钉；16-举升柄；17-平衡锤；18-并紧螺母；19-滑溜块；20-橡胶片；21-止滑螺钉

2. 仪具与材料

（1）摆式仪。见图 4-6，摆与摆的连接部分总质量为 1500g ± 30g，摆动中心至摆的重心距离为 410mm ± 5mm，测定时摆在道面上滑动长度为 126mm ± 1mm，摆上橡胶片端部距摆动中心的距离为 508mm，橡胶片对道面正向静压力为 22.2N ± 0.5N。

（2）橡胶片。用于测定道面抗滑值时的尺寸为 6.35mm × 25.4mm × 76.2mm，橡胶质量应符合表 4-9 的要求。当橡胶片使用后，端部在长度方向上磨损超过 1.6mm 或边缘在宽度方向上磨耗超过 3.2mm，或有油污染时，即应更换新橡胶片。新橡胶片应在干燥道面上测 10 次后再用于测试。橡胶片的有效使用期为1年。

橡胶物理性质技术要求 表4-9

性能指标	温度(℃)				
	0	10	20	30	40
弹性(%)	43~49	58~65	66~73	71~77	74~79
硬度	55±5				

(3)标准量尺。长126mm。

(4)洒水壶。

(5)橡胶刮板。

(6)测试计。分度不大于1℃。

(7)其他。皮尺或钢卷尺、扫帚、粉笔等。

3.方法与步骤

(1)仪器调平。

①将仪器置于道面测点上,并使摆的摆动方向与行车方向一致。

②转动底座上的调平螺栓,使水准泡居中。

(2)调零。

①放松上、下两个紧固把手,转动升降把手,使摆升高并能自由摆动,然后旋紧紧固把手。

②将摆向右运动,按下安装于悬臂上的释放开关,使摆上的卡环进入开关槽,放开释放开关,摆即处于水平位置,并把指针抬至摆杆平行处。

③按下释放开关,使摆向左带动指针摆动,当摆达到最高位置后下落时,用左手将摆杆接住,此时指针应指向零。若不指零时,可稍旋紧或放松摆的调节螺母,重复本项操作,直至指针指零。调零允许误差为±1BPN。

(3)校核滑动长度。

①用扫帚扫净道面表面,并用橡胶刮板清除摆动范围内道面上的松散粒料。

②让摆自由悬挂,提起摆头上的举升柄,将底座上垫块置于定位螺丝下面,使摆头上的滑溜块升高。放松紧固把手,转动立柱上升降把手,使摆缓缓下降。当滑块上的橡胶片刚刚接触道面时,即将紧固把手旋紧,使摆头固定。

③提起举升柄,取下垫块,使摆向右运动。然后,手提举升柄使摆慢慢向左运动,直至橡胶片的边缘刚刚接触道面。在橡胶片的外边摆动方向设置标准尺,尺的一端正对准该点,再用手提起举升柄,使滑溜块向上抬起,并使摆继续运动至左边,使橡胶片返回落下再一次接触地面,橡胶片两次同道面接触点的距离应在126mm(即滑动长度)左右。若滑动长度不符合标准时,则通过升高或降低仪器底正面的调平螺丝来校正,但需调平水准泡,重复此项校核直至滑动长度符合要求,而后,将摆和指针置于水平释放位置。

校核滑动长度时应以橡胶片长边刚刚接触道面为准,不可借摆力量向前滑动,以免标定的滑动长度过长。

(4)用喷壶的水浇洒试测道面,并用橡胶刮板除表面泥浆。

(5)再次洒水,并按下释放开关,使摆在道面滑运,指针即可指示出道面的摆值。但第一次测定，不做记录。当摆杆回落时，用左手接住摆，右手提起举升柄使滑溜块升高，将摆向右运动，并使摆杆和指针重新置于水平释放位置。

（6）重复（5）的操作测定 5 次，并读记每次测定的摆值，即 BPN，5 次数值中最大值与最小值的差值不得大于 3BPN。如差数大于 3BPN，应检查产生的原因，并再次重复上述各项操作，至符合规定为止。取 5 次测定的平均值作为每个测点道面的抗滑值（即摆值 F_B），取整数，以 BPN 表示。

（7）在测点位置上用路表温度计测记潮湿道面的温度，精确至 1℃。

（8）按以上方法，同一处平行测定不少于 3 次，3 个测点均位于轮迹带上，测点间距 3～5m。该处的测定位置以中间测点的位置表示。每一处均取 3 次测定结果的平均值作为实验结果，精确至 1BPN。

（9）抗滑值的温度修正

当道面温度为 T 时测得的值为 F_{BT}，必须按下式换算成标准温度 20℃ 的摆值 F_{B20}：

$$F_{B20} = F_{BT} + \Delta F \tag{4-23}$$

式中：F_{B20}——换算成标准温度 20℃ 时的摆值（BPN）；

F_{BT}——道面温度时测得的摆值（BPN）；

T——测定的路表潮湿状态下的温度（℃）；

ΔF——温度修正值，按表 4-10 选用。

温度修正值　　表 4-10

温度（℃）	0	5	10	15	20	25	30	35	40
温度修正值 ΔF	－6	－4	－3	－1	0	＋2	＋3	＋5	＋7

4. 试验报告要求

（1）测试日期、测点位置、天气情况、洒水后潮湿道面的温度并描述道面类型、外观、结构类型等。

（2）列表逐点报告道面抗滑值的测定值 F_{BT}、经温度修正后的 F_{B20} 及 3 次测定的平均值。

（3）每一个评定段道面抗滑值的平均值、标准差、变异系数。

二、摩擦系数测定车测定路面横向力系数试验方法

1. 目的与适用范围

本方法适用于以标准的摩擦系数测定车测定沥青道面和水泥混凝土路面横向力系数，测试结果可作为竣工验收或使用期评定路面抗滑能力的依据。

2. 仪具与材料

本试验需要下列仪器与设备：

（1）摩擦系数测定车。SCRIM 型，主要由车辆底盘、测量机构、供水系统、荷载传感器、仪表及操作记录系统、标定装置等组成，见图 4-7。

①测量机构。可以为单侧或双侧各安装一套，测试轮与车辆行驶方向成 20°角，作用于测试轮上的静态标准荷载为 2kN。测试轮胎为 3.00/20 的光面轮胎，其标准气压为 0.35MPa ± 0.01MPa。当轮胎直径减少 6mm 时（每个测试轮测 350～400km），需要更换新轮胎。

②测定车辆轮胎气压应符合所使用汽车规定的标准气压范围。

③能控制洒水量，使路面水膜厚度不得小于1mm。通常测量速度为50km/h时，水阀开启量宜为50%；测量速度为70km/h时，水阀开启量宜为70%，余类推。

(2)备用轮胎等部件。

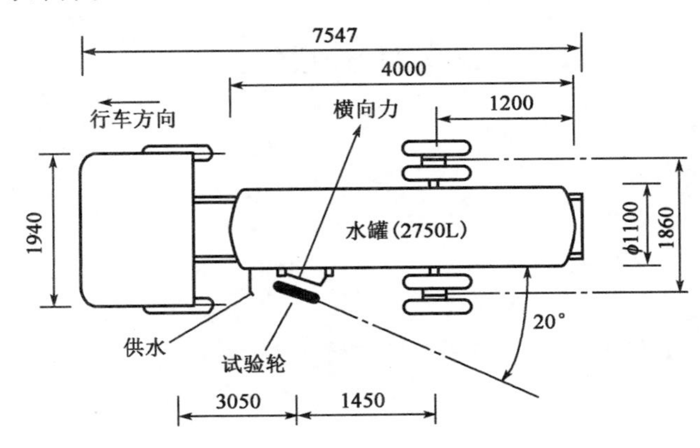

图4-7　横向摩擦系数测定机构示意图(尺寸单位:mm)

3. 方法与步骤

(1)准备工作

①按照仪器设备技术手册或使用说明书对测定系统进行标定。仪器设备进行标定、检查时，必须在关闭发动机的情况下进行。标定按SFC值为10、20、30、……、100的不同档次进行，满量程为100时的示数误差不得超过±2。

②检查横向摩擦系数车系统的各项参数是否符合要求，检查外部警告标示是否正常。

③储存罐水。

④将测试轮安装牢固且保持在升起的位置上。

⑤将记录装置处于正常使用状态，安装足够的打印纸。打开记录系统预热不少于10min。

⑥根据需要确定采用连续测定或断续测定，以及每公里测定的长度。选择并设定“计算区间”，即输出一个测定数据的长度。标准的计算区间为20m，根据要求可选择为5m或10m。

⑦根据要求设定为单轮测试或双轮测试。

⑧输入所需说明性预设数据，如测试日期、路段编号、里程桩号等。

⑨发动车辆驶向测试地。

(2)测试步骤

①在测试路段起点约500m处停住，开机预热不少于10min。

②降下测试轮，打开水阀检查水流情况是否正常及水流是否符合需要，检查仪表各项指数是否正常，然后升起测试轮。

③将车辆驶向测试路段，提前100~200m处降下测试轮。测定车的车速可根据公路等级的需要选择。除特殊情况外，标准车速为50km/h，测试过程必须保持匀速。

④进入测试段后，按开始键，开始测试。在显示器上监视测试运行变化情况，检查速度、距离有无反常波动。当需要标明特征(如路面变化)时，操作功能键插入到数据流中。

4. 测试数据处理

测定的摩擦系数数据存储在磁盘中，摩擦系数测定车 SCRIM 系统有专门处理程序软件，可计算和打印出每一个计算区间的摩擦系数值、行程距离、行驶速度、统计个数、平均值及标准值，同时还可打印出各区间的摩擦系数的变化图。

思考题与习题

1. 道面纹理测试的方法主要有那些？
2. 道面摩擦测试的方法主要有那些？
3. 什么是国际摩擦指数？
4. Rado IFI 模型有什么特点？
5. 纹理深度测试时需要注意哪些事项？
6. 摆式摩擦系数测定仪测定的摩擦系数有何特点？

第五章　道面平整度测试技术

第一节　概　　述

道面平整度是指道面表面对于理想平面的竖向偏差，是道面施工质量控制的重要内容，道面平整度反映的是道面表面纵向（或称飞机行驶方向）上的凹凸不平，通过机轮传导到飞机，对飞机在滑行中的动力特性、行驶舒适性和道面承受的动力荷载三者的数值特征起决定作用。评价平整度指标有：最大间隙 Δh（单位：mm）、标准差 σ（单位：mm）以及国际平整度指数 IRI（单位：m/km）。

目前，世界各国路面平整度的测定方法各异，尚未形成统一的测量标准。现有的测定方法大体分为三类：

（1）断面类平整度测定

断面类平整度测定方法又分为静态纵断面测定与动态纵断面测定，是指通过静态或动态法量测路表面的凹凸变化，沿行驶车辆的轮迹量或某一路径测量表面的高程，得到纵断面，经数学分析后采用一综合性统计量表征其平整度。其中，三米直尺法是目前我国路面平整度主要测量方法之一。

（2）反应类平整度测定

由于道（路）面不平整性是引起飞机（车辆）振动的主要原因，因此通过测量飞机（车辆）的振动反应，如累计车轴竖向位移量来表征路面不平整度的方法就称为反应类平整度测定，相应的代表性测量设备如颠簸累计仪等。到 20 世纪 70 年代后期，美国已有一半的州使用反应类平整度测定。

（3）主观评定法

当对精度要求不高时，可组织评分小组根据乘车体验或目测检查，对道面平整性能给予主观评定。

测定方法的详细分类见表 5-1。

平整度测定方法分类　　表 5-1

<table>
<tr><th>测度方法</th><th>测试设备</th><th>测度方法</th><th>测试设备</th></tr>
<tr><td rowspan="6">断面类平整度测定</td><td>水准仪测量法</td><td rowspan="4">反应类平整度测定</td><td>颠簸累计仪 BI</td></tr>
<tr><td>三米直尺法</td><td>CHLOE</td></tr>
<tr><td>梁式断面仪</td><td>MAYS/PCA</td></tr>
<tr><td>连续式平整仪</td><td>NAASRA</td></tr>
<tr><td>GMR 类断面仪</td><td>主观评定法</td><td rowspan="2"></td></tr>
<tr><td>APL 断面仪</td><td></td></tr>
</table>

第二节 国际平整度指数(IRI)

尽管在对平整度检测研究之后，各国家都研制了自己的检测设备，但检测的结果却不能相互对比，于是世界银行于 1982 提出了一种国际通用的平整度检测指标——国际平整度指数 IRI(International Roughness Index)。这是一种符合容易测量、时间稳定和便于转换等要求的平整度评价指标。

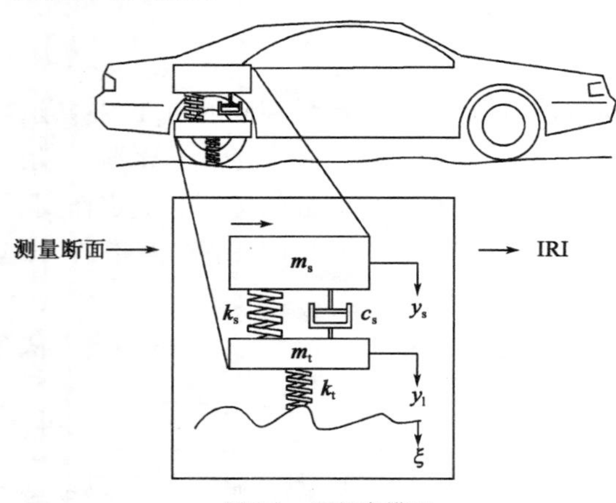

图 5-1 理想车模型

m_s-簧载质量，即车身部分质量；m_t-非簧载质量，即轮胎质量；k_s-车身悬架刚度；k_t-轮胎刚度；c_s-悬架阻尼

IRI 的定义是当四分之一车辆模型，如图 5-1所示，以一定速度(80km/h)，在一定行驶距离内车身悬挂系统的累积位移量与行驶距离的比值，其计量单位为 m/km 或 in/mils。它与其他平整度指标有良好的相互关系，且与乘车舒适性有直接关系，现已被世界各国广泛使用。我国规定公路路面平整度检测采用 IRI 指标，机场道面也开始采用 IRI 评定道面的平整度。

国际平整度指数是针对反应类平整度仪进行平整度测定的模拟。它应用力法模拟理想车辆(1/4 车，即单轮，见图 5-1)以一定速度沿路表面纵断面行驶时的反应，计算单位距离内系统的相对竖向位移累积值，以 m/km 表示。

由图 5-1 所示的理想车模型，可建立运动控制方程如下：

$$\left.\begin{aligned} m_s\ddot{y}_s + c_s(\dot{y}_s - \dot{y}_t) + k_s(y_s - y_t) = 0 \\ m_t\ddot{y}_t + c_s(\dot{y}_t - \dot{y}_s) + k_s(y_t - y_s) + k_t(y_t - \xi) = 0 \end{aligned}\right\} \tag{5-1}$$

将式(5-1)两端同时除以 m_s，得

$$\left.\begin{aligned} \ddot{y}_s + c(\dot{y}_s - \dot{y}_t) + k_2(y_s - y_t) = 0 \\ u\ddot{y}_t + c(\dot{y}_t - \dot{y}_s) + k_2(y_t - y_s) + k_1(y_t - \xi) = 0 \end{aligned}\right\} \tag{5-2}$$

式中：y_s、y_t——簧载质量与非簧载质量的竖向绝对位移；

c、u、k_1、k_2——系数，取 $c = c_s/m_s = 6.0\text{s}^{-1}$，$u = m_t/m_s = 0.15$，$k_1 = k_t/m_s = 653\text{s}^{-2}$，$k_2 = k_s/m_s = 63.3\text{s}^{-2}$；

ξ——纵断面高程。

输入纵断面高程，可解得 y_s、y_t，即得到国际平整度指数 IRI。

$$\text{IRI} = \frac{1}{L}\int_0^L |y_t - y_s|\,\text{d}x \tag{5-3}$$

式中：L——测量距离。

为了将反应类平整度仪测定的平整度数值转换为国际平整度指数，选择若干路段进行平

整度仪的标定。研究中采用水准仪测量路面的纵断面，测点间距为 0.25m。通过水准测量得到各测点的高程（即轨迹的纵断面）后，可按下述方法计算标定段的 IRI。

由于微分方程式（5-1）为线性，如果测点间的断面形状为已知，则可以应用状态转移矩阵法得到精确解。

图 5-1 中的模型可以用 4 个状态变量 $z_j(j=1,\cdots,4)$ 来描述，其中，z_1 和 z_2 分别表示簧载质量的速度和加速度；z_3 和 z_4 分别表示非簧载质量的速度和加速度。如果前一位置 4 个变量已知，且沿轮迹到下一位置间的断面坡度 y' 也已知，则下一位置的 4 个变量可利用下述递归方程计算得到：

$$\{z_j\} = [\boldsymbol{s}]\{z'_j\} + \{\boldsymbol{p}\}y' \tag{5-4}$$

式中：$\{z_j\}$、$\{z'_j\}$——前个位置和当前位置的状态变量，$j=1,2,3,4$；

y'——输入断面坡度，$y'=(y_i-y_{i-1})/d$，y_i 和 y_{i-1} 为当前位置和前个位置的高程，d 为测点间距；

$[\boldsymbol{s}]$、$\{\boldsymbol{p}\}$——随测点间距变化而变化的系数矩阵。

式（5-4）可用于计算除第一点以外的各抽样点的 4 个变量，除第一个测点外，要为每一个测点解 4 个变量方程式。通过下述规定，应用最初 11m（80km/h 速度时为 0.5s）的平均坡度作为变量的初始值：

$$\left.\begin{aligned} z'_1 = z'_3 &= \frac{y_a - y_1}{11} \\ z'_2 = z'_4 &= 0 \\ a &= \frac{11}{d} + 1 \end{aligned}\right\} \tag{5-5}$$

式中：y_1——第一个测点高程（mm）；

y_a——第 a 个测点高程（mm）；

d——测点间距（m）；若 $d=0.25$m，则将利用第 45 点和第 1 点的高程式差来建立初始坡度。

从第 2 到第 n（n 为测点数）逐点求解以下四个递归方程：

$$\left.\begin{aligned} z_1 &= s_{11}z'_1 + s_{12}z'_2 + s_{13}z'_3 + s_{14}z'_4 + p_1y' \\ z_2 &= s_{21}z'_1 + s_{22}z'_2 + s_{23}z'_3 + s_{14}z'_4 + p_2y' \\ z_3 &= s_{31}z'_1 + s_{32}z'_2 + s_{33}z'_3 + s_{34}z'_4 + p_3y' \\ z_4 &= s_{41}z'_1 + s_{42}z'_2 + s_{43}z'_3 + s_{44}z'_4 + p_4y' \end{aligned}\right\} \tag{5-6}$$

当测点间距 $d=0.25$m，系数 s_{ij} 和 p_j 分别为：

$$s = \begin{bmatrix} 0.9966071 & 0.01091514 & -0.002083274 & 0.0003190145 \\ -0.5563044 & 0.9438768 & -0.8324718 & 0.05064701 \\ 0.02153176 & 0.002126763 & 0.7508714 & 0.008221888 \\ 3.335013 & 0.3376467 & -39.12762 & 0.4347564 \end{bmatrix} \tag{5-7}$$

$$p = \begin{Bmatrix} 0.005476107 \\ 1.388776 \\ 0.2275968 \\ 35.79262 \end{Bmatrix} \tag{5-8}$$

为各测点解出上述方程后，计算该路段 IRI：

$$\mathrm{IRI} = \frac{1}{n-1}\sum_{i=2}^{n}\mathrm{RS}_i \tag{5-9}$$

式中：RS_i——计算位置的调整坡，$\mathrm{RS}_i = |z_3 - z_1|$。

我国民用机场道面平整度评价一般采用国际平整度指数（IRI）作为指标；不具备测试条件时，可采用三米直尺法进行评价。道面平整度测试与评价的范围包括跑道、平行滑行道或快速出口滑行道的轮迹带区域。国际平整度指数（IRI）通过激光平整度仪自动测试并计算，测试时应沿各区域的轮迹带布设多条测线。道面平整度应以调查区域内 IRI 的算术平均值进行分段评价。平整度等级的评价标准如表 5-2 所示。

道面平整度等级评价标准（IRI 指标） 表 5-2

评价等级	好	中	差
IRI 平均值（m/km）	<2.0	2.0～4.0	>4.0

第三节　平整度测试方法

一、最大间隙的测试方法

这种评价指标通常采用三米直尺法检测（图 5-2），将直尺水平放置，测量直尺底面与路面之间的最大间隙，通常以 100m 为一个测试点，每个测试点测量十次，然后计算出十次数据的平均值等指标。《军用机场场道工程施工及验收规范》规定用三米直尺和塞尺检查。沿纵向检测，每处连续测 6 尺，计算最大间隙平均值；要求平均值不大于 3mm，单尺最大值不大于 5mm。

三米直尺法检测方法和步骤如下。

1. 仪具和材料

（1）三米直尺：测量基准面长度为 3m，基准面应平直，用硬木或铝合金等材料制成。

（2）最大间隙测量器具。

①楔形塞尺：硬木或金属制的三角形塞尺。塞尺长度与高度之比不小于 10，宽度不大于 15mm，边部有高度标记，刻度读数分辨小于或等于 0.2mm。

②深度尺。金属制的深度测量尺，有手柄。深度尺测量杆端头直径不小于 10mm，刻度读数分辨率小于或等于 0.2mm。

（3）其他：皮尺或钢尺、粉笔。

图 5-2　三米直尺法检测

2. 方法与步骤

(1)准备工作

①按有关规范规定选择测试区域。

②对于水泥混凝土道面应选择飞机的滑行方向,每班抹面过程中随时检查;次日每个施工段最少抽测 7 处。对于沥青混凝土道面铺筑时随时检测。

③清扫道面测定位置处的污物。

(2)测试步骤

①施工过程中检测时,按根据需要确定的方向,将三米直尺摆在测试地点的道面上。

②目测三米直尺与道面之间的间隙情况,确定最大间隙位置。

③用有高度标线的塞尺塞进间隙处,量测其最大间隙高度(mm);或者用深度尺在最大间隙位置测量直尺上顶面距地面的深度,该深度减去尺高即为测试点的最大间隙高度,准确至 0.2mm。

3. 计算

单尺检测道面的平整度,以三米直尺与道面的最大间隙作为测量结果。连续测定时,判断每个测定点是否合格,根据要求,计算合格百分率,并计算连续尺的平均值。

4. 报告

单尺检测的结果应随时记录测试位置和检测结果。连续测定时,应报告平均值、不合格尺数、合格率。

二、标准差 σ 的测试方法

标准差的测量仪器可以采用连续式平整度仪。其不能用于已经有较多的凹坑和破损较严重的路面。平整度仪在检测标准差 σ 时,基准平面是八轮仪的车轮所在的动态平面,随着平整度仪的检测过程的进行,测量轮沿着路面纵断面曲线上下摆动,按一定采样间隔采集高程信息,最后用数学方法计算出所有高程信息的标准差。

标准差 σ 的计算步骤:

(1)求算术平均值

$$Y_{\mathrm{a}}=\frac{1}{n}\sum_{k=1}^{n}Y_{k} \tag{5-10}$$

式中：n——每一步长内所测量的高程值的个数；

Y_k——每一步长内所测量的第 k 个高程值；

Y_a——每一步长内所测量的 n 个高程值的算术平均值。

（2）求出各项的剩余误差

$$U_k = Y_k - Y \tag{5-11}$$

（3）求标准差

$$\sigma = \sqrt{\frac{1}{n-1}\sum_{k=1}^{n} U_k^2} \tag{5-12}$$

1. 激光路面平整度测定仪

激光路面平整度测定仪是一种与路面无接触的测量仪器。

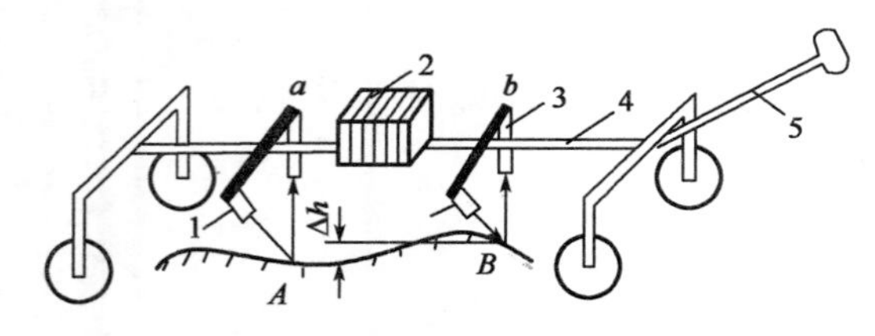

图 5-3　G 型光路面平整度仪结构框图

1-激光器；2-仪器箱；3-集光器；4-车架；5-拉杆

G 型激光路面平整度测定仪构成见图 5-3。由图 5-3 看出，1 为激光器（2 组），选用半导体激光器；2 为仪器箱，同样安置有放大、采样器、模数转换器、数字处理器与打印显示装置等；3 为集光器（2 组），选用反光镜硅光电池作为集光片，元件生产成熟，质量稳定；4 为车架，车轮 4 个即行；5 为拉杆，人工测与拖测均可。

平整度仪器的测量原理为：

由后组 a 发射的调制平行激光方形波束射到路面 A 点，被 a 组集光器的反射镜接收至硅光电池，产生光电流 I_1，在同样时间里，由前组 b 发射的同样激光方形波束射到路面 B 点，产生光电流 I_2，通过仪器中的减法器得到前后两组装置所测光电流之差，即

$$\Delta I = |I_1 - I_2| \tag{5-13}$$

由图 5-3 看出，该 ΔI 正是由于路面高差 Δh 引起，因而，应有下式：

$$\Delta h = e + j \cdot \Delta I \tag{5-14}$$

式中：Δh——路面凹凸值（或平整度值）（mm）；

ΔI——光电流增量（或减量）（μA）；

e——常数，由仪器确定（mm）；

j——系数，由激光器、反射镜与硅光电池等部件确定（mm/μA）。

由式（5-14）可知，当光电流之差值由仪器中减法器给出，路面凹凸值随即得出。在仪箱里安置了若干转化与处理软件与硬件后，随着仪器对路面的随机取样，能得到路面平整均方差值。

G 型路面平整度测定仪是靠前后两组同时进行激光发射与接收工作，最后利用它们的差计量，当车架由于高速测量引起跳动时，前后两组装置同时跳动，而且跳距几乎完全相等，因此，所得到的前后两组光电流的差值应保持不变。在图 5-3 所示的测量原理中，两组激光器与集光器分别安置在车架大梁的 1/8 与 7/8 处，这是由于路面平整度波长较长，两组激光器靠得

太近时,会造成误差,拉开距离后,可提高测量精度。本仪器利用硅光电池实现光电化,简单实用,但受光面必须保持清洁无尘,因此,需用薄玻璃光罩挡灰或设置定时清灰结构。在利用图5-3原理检测之前,需要对仪器进行标定,以确定各种有效的参数、系数。

2. 连续式平整度仪法

连续式平整度仪从检测原理上属于机电型断面类检测仪器,其构造如图5-4所示,主要由车架(包括行走轮8个)、伸缩梁和拉杆组成。车架的功能主要是行走与安装测量仪器,由行走轮和测量系统组成。行走轮8,前后各4个,以M形框架结构连接,主要目的是在快速行走时,保持车体平稳。测量系统由测轮系、位移传感器、距离传感器和数据处理系统组成。测轮系由测量小轮、连杆、中间通过杆和车架联接组成。

(1)试验目的与适用范围

用于测定路表面的平整度,评定路面的施工质量和使用质量,但不适用于在已有较多坑槽、破损严重的路面上测定。

(2)仪器设备

①连续式平整度仪:构造如图5-4所示。

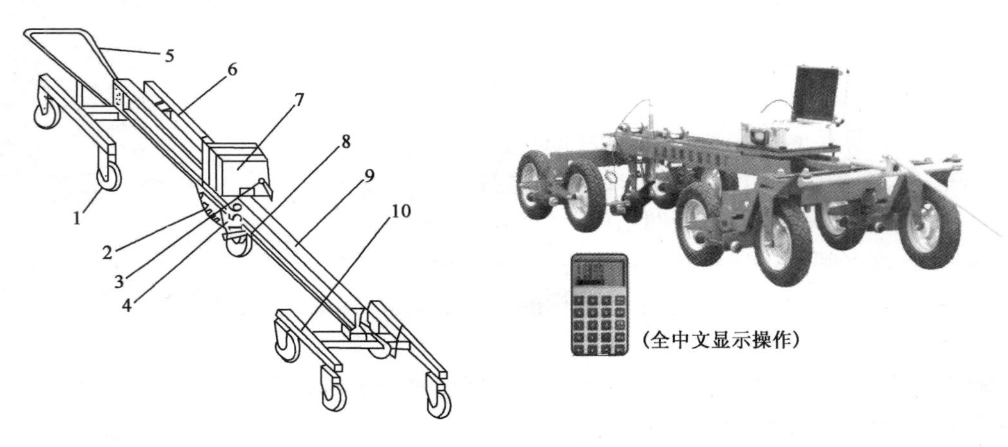

图5-4　连续式平整度仪构造图

1-脚轮;2-拉簧;3-离合器;4-测架;5-牵引架;6-前架;7-纵断面绘图仪;8-测定轮;9-纵梁;10-后架

除特殊情况外,连续式平整度仪的标准长度为3m,其质量应符合仪器标准的要求。中间为一个3m长的机架,机架可缩短或折叠,前后各有4个行走轮,前后两组轮的轴间距离为3m。机架中间有一个能起落的测定轮。机架上装有蓄电源及可拆卸的检测箱,检测箱可采用显示、记录、打印或绘图等方式输出测试结果。测定轮上装有位移传感器,自动采集位移数据时,测定间距为10cm,每一计算区间的长度为100m,100m输出一次结果。当为人工检测,无自动采集数据及计算功能时,应能记录测试曲线。机架头装有一牵引钩及手拉柄,可用人力或汽车牵引。

②牵引车:小面包车或其他小型牵引汽车。

③皮尺或测绳。

(3)试验要点

①选择测试路段路面测试地点,同三米直尺法。

②将连续式平整度测定仪置于测试路段路面起点上。

③在牵引汽车的后部，将平整度的挂钩挂上后，放下测定轮，启动检测器及记录仪，随即启动汽车，沿道路纵向行驶，横向位置保持稳定，并检查平整度检测仪表上测定数字显示、打印、记录的情况。如检测设备中某项仪表发生故障，即停车检测。牵引平整度仪的速度应均匀，速度宜为5km/h，最大不得超过12km/h。

在测试路段较短时，亦可用人力拖拉平整度仪测定路面的平整度，但拖拉时应保持匀速前进。

(4)计算

①连续式平整度测定仪测定后，可按每10cm间距采集的位移值自动计算100m计算区间的平整度标准差，还可记录测试长度、曲线振幅大于某一定值(3mm、5mm、8mm、10mm等)的次数、曲线振幅的单向(凸起或凹下)累计值及以3m机架为基准的中点路面偏差曲线图，并打印输出。当为人工计算时，在记录曲线上任意设一基准线，每隔一定距离(宜为1.5m)读取曲线偏离基准线的偏离位移值 d_i。

②每一计算区间的路面平整度以该区间测定结果的标准差表示，按式(5-15)计算：

$$\sigma_i = \sqrt{\frac{\sum(\bar{d} - d_i)^2}{n-1}} \tag{5-15}$$

式中：σ_i——各计算区间的平整度计算值(mm)；

d_i——以100m为一个计算区间，每隔一定距离(自动采集间距为10cm，人工采集间距为1.5m)采集的路面凹凸偏差位移值(mm)；

n——计算区间用于计算标准差的测试数据个数。

③计算一个评定路段内各区间平整度标准差的平均值、标准差、变异系数。

(5)报告

试验应列表报告每一个评定路段内各测定区间的平整度标准差、各评定路段平整度的平均值、标准差、变异系数以及不合格区间数。

第四节　车载式颠簸累积仪法

一、车载式颠簸累积仪法简介

车载式颠簸累积仪是通过测量该仪器的装载车在被测路面通过时，车后轴与车厢的单向位移累积(cm/km)来表征路面的平整度状况。在测试车的底板上安装位移传感器，用钢丝绳与后桥相连，另一与传感器的定量位移轮连接，当车辆测试行驶时，由于路表的凹凸不平使后桥与车厢间产生上下相对位移，钢丝绳带动定量位移轮转动输出脉冲信号，此信号经计算机数据采集处理判别换算成位移量并记下来。

1.目的和适用范围

(1)本方法规定用车载式颠簸累积仪测量车辆在路面上通行时后轴与车厢之间的单向位移累积值，VBI表示路面的平整度，以cm/km计。

(2)本方法适用于测定路面表面的平整度,以评定路面的施工质量和使用期的舒适性。但不适用于已有较多坑槽、破损严重的路面上测定。

2. 主要设备

本试验需要下列仪具:

(1)车载式颠簸累积仪:由机械传感器、数据处理器及微型打印机组成,传感器固定安装在测试车的底板上,如图 5-5 所示。

仪器的主要技术性能指标如下:

①测试速度:可在 30 ~ 50km/h 范围内选定。

②最小读数:1cm。

③最大测试幅值: ±20cm。

④最大显示值:9999cm。

⑤系统最高反应频率:5kHz。

(2)测试车:旅行车、越野车或小轿车。

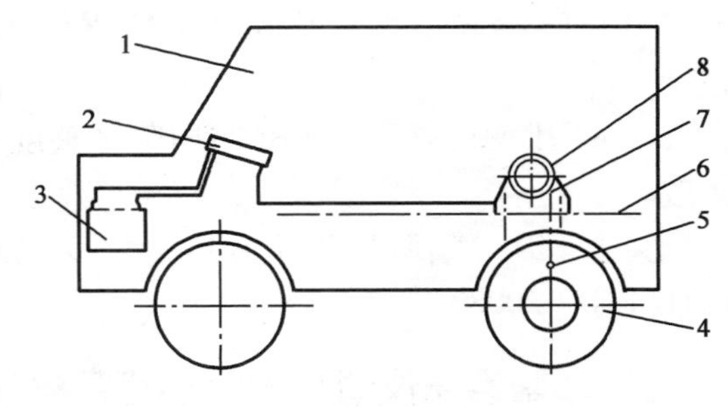

图 5-5　车载式颠簸累积仪安装示意图

1-测试车;2-数据处理器;3-电瓶;4-后桥;5-挂钩;6-底板;7-钢丝绳;8-颠簸累积仪传感器

3. 工作原理

测试车以一定的速度在路面上行驶,由于路面上的凹凸不平状况,引起汽车的激振,通过机械传感器可测量后轴同车厢之间的单向位移累积值 VBI,以 cm/km 计。VBI 越大,说明路面平整性越差,人体乘坐汽车时越不舒适。

4. 使用技术要点

(1)仪器安装应准确、牢固、便于操作。

(2)测试速度以 32km/h 为宜,一般不宜超过 40km/h。

5. 注意事项

(1)检测结果与测试车机械系统的振动特性和车辆行驶速度有关。减振性能好,则 VBI 测值小;车速越高,VBI 测值越大。因此必须通过对机械系统的良好保养和检测时严格控制车速来保持测定结果的稳定性。

(2)用车载式颠簸累积仪测出的颠簸累积值 VBI,与用连续式平整仪测出的标准差 σ 概念不同,可通过对比试验,建立两者的相关关系,将 VBI 值换算为 σ,用于路面平整度评定。

(3)国际不整度指数 IRI 是国际上公认的衡量路面行驶舒适性或路面行驶质量的指数。也可通过标定试验,建立 VBI 与 IRI 的相关关系,将颠簸累积仪测出的颠簸累积值 VBI 换算为国际平整度指数 IRI(以 m/km 计)。

6. 测试步骤

(1)测试开始之前应让测试车以测试速度行驶 5 ~ 10km,按照设备操作手册规定的预热时间对测试系统进行预热。

(2)测试车停在测试起点前 300 ~ 500m 处,启动平整度测试系统程序,按照设备操作手册规定和测试路段的现场技术要求设置完毕所需的测试状态。

(3)驾驶员在进入测试路段前应保持车速在规定的测试速度范围内,沿正常德国轨迹驶入测试路段。

(4)进入测试路段后,测试人员启动系统的采集和记录程序,在测试过程中必须及时准确地将测试路段的起点和其他需要特殊标记的位置输入测试数据记录中。

(5)当测试车辆驶出测试路段后,仪器操作人员停止数据采集和记录,并恢复仪器各部分至初始状态。

(6)操作人员检查数据文件,文件应完整,内容应正常,否则需要重新测试。

(7)关闭测试系统电源,结束测试。

7. 报告

(1)平整度测试报告应包括颠簸累积值 VBI、国际平整度指数 IRI 平均值和现场测试速度。

(2)提供颠簸累积值 VBI 与国际平整度指数 IRI 在选定测试条件下的相关关系及相关系数。

关于车载式颠簸累积仪测定平整度试验方法可详见《公路路基路面现场测试规程》(JTG E60—2008)。

二、颠簸累积仪值与国际平整度指数 IRI 相关关系的对比试验

1. 基本要求

由于颠簸累积仪值受测试速度等因素影响,因此测试系统的每一个实际采用的测试速度都应单独进行标定。

2. 试验条件

(1)按照每段 IRI 值变化幅度不小于 1.0 的范围选择不少于 4 段不同平整水平的路段,且有足够加速或减速长度的路段。根据实际测试道路 IRI 的分布情况,可以增加某些范围内的标定路段。

(2)每路段长度不小于 300m。

(3)每一段内的平整度均匀,包括路段前 50m 的引道。

(4)选择坡度变化较小的直线路段,路段交通量小,便于疏导。

(5)标定宜选择在车道的正常行驶轮迹上进行,明确标出标定路段的轮迹、起终点。

3. 试验步骤

(1)距离标定。

①依据设备供应商建议的长度,选择坡度变化较小的平坦直线路段,标出起终点和行驶轨迹。

②标定开始之前应让测试车以测试速度行驶 5 ~ 10km,按照设备操作手册规定的预热时间对测试系统进行预热。

③将测试车的前轮对准起点线,启动距离校准程序,然后令车辆沿着路段轨迹直线行驶,避免突然加速或减速,接近终点时,看指挥人员手势减速停车,确保测试车的前轮对准终点线,结束距离校准程序。重复此过程,确保距离传感器脉冲当量的准确性,应在允许误差范围之内。

(2)令颠簸累积仪按选定的测试速度测试每个标定路段的反应值,重复测试至少 5 次,取其平均值作为该路段的反应值。

(3)IRI 值的确定。

①以精密水准仪作为标准仪器，分别测量标定路段两个轮迹的纵断面，要求采样间隔为250mm，高程测试精度为0.5mm；然后用IRI标准计算程序对每个轮迹的纵断面测量值进行模型计算，得到该轮迹的IRI值。

②其他符合世界银行一类平整度测试标准断面的测试仪具也可以作为确定标定路段标准IRI的仪具。

4. 相关关系的建立

通过颠簸累积仪值与国际平整度指数IRI相关关系的对比试验得到的试验结果，并对原始实测数据进行回归分析，相关性较好的曲线为直线，其相关关系为：

$$\mathrm{IRI}=a+b\cdot \mathrm{VBI} \tag{5-16}$$

式中：IRI——国际平整度指标(m/km)；

VBI——测试速度为v时颠簸累积仪测得的颠簸累计值(cm/km)；

a、b——回归系数。

将连续式平整仪测出的标准差σ及车载式颠簸累积仪测出的颠簸累积值VBI绘制出曲线并进行回归分析，建立相关关系：

$$\sigma=a+b\cdot \mathrm{VBI} \tag{5-17}$$

式中：σ——用连续式平整仪测定的经标准差表示的平整度(mm)；

VBI——测试速度为v时颠簸累积仪测得的颠簸累计值(cm/km)；

a、b——回归系数。

第五节　车载式激光平整度仪法

一、车载式激光平整度仪测定平整度试验方法

激光平整度测试车是利用激光的光时差原理记录所测量的极短长度，用来测定路面的凸凹状况。激光光时差原理是指可利用激光所走路程的时间差来反求实际长度。通过系统软件控制整个测试过程，并用以存储标定参数及经系统处理器处理、传送的路面高程差，利用系统软件计算需要的国际平整度指数IRI值。

激光的光束集中，光强高，发射时散射量特别小，光时稳定，因此应用到非接触式的测量极短长度有很好的相关效果。其测试过程由程序自动完成，操作简便，测速高，测试精度高，采样点密集，代表性强，适宜于高等级公路实际行车速度高、平整度要求高的特点，对准确、快速的大面积检测具有实际意义。

图5-6　车载式激光平整度仪

车载式激光平整度仪(图5-6)是将测试仪安装在测量车上，在车辆行驶过程中测量出里程数据与路面纵断面的高程信息。而高程信息则是利用激光位移传感器测得。将测得里程信息

与路面纵断面的高程信息输入电脑,经过对数据的分析处理,输出 IRI 值。该仪器已经具有很高的准确性,但是没有考虑到测量车在行驶过程中车体的振动对激光位移传感器的影响。

1. 目的和适用范围

(1)本方法适用于各类车载式激光平整仪在新建和改建路面工程质量验收和无严重坑槽、车辙等病害及无积水、积雪、泥浆的正常通车条件下连续采集路段平整度数据。

(2)本方法的数据采集、传输、记录和处理分别由专用软件自动控制进行。

2. 仪具与材料要求

(1)测试系统

测试系统由承载车辆、距离传感器、纵断面高程传感器和主控制系统组成。主控制系统对测试装置的操作实施控制,完成数据采集、传输、存储与计算过程。

(2)设备承载车辆要求

根据设备供应商的要求选择测试系统承载车辆。

(3)测试系统基本要求和参数

①测试速度:30 ~ 40km/h。

②采样间隔:≤500mm。

③传感器测试精度:0.5mm。

④距离标定误差:<0.1%。

⑤系统工作环境温度:0 ~ 60℃。

3. 方法与步骤

(1)准备工作

①设备安装到承载车上后应按本方法第⑤条的规定进行相关性试验。

②根据设备操作手册的要求对测试系统各传感器进行校准。

③检查测试车轮胎气压,应满足车辆轮胎规定的标准气压,轮胎应清洁,不得黏附杂物。

④距离测量装置需要现场安装,根据设备操作手册说明进行安装,确保机械坚固装置安装牢固。

⑤检查测试系统各部分应符合测试要求,不应有明显的可视性破损。

⑥打开系统电源,启动控制程序,检查各部分的工作状态。

(2)测试步骤

①测试开始之前应让测试车以测试速度行驶 5 ~ 10km,按照设备使用说明规定的预热时间对测试系统进行预热。

②测试车停在测试起点前 50 ~ 100m 处,启动平整度测试程序,按照设备操作手册的规定和测试路段的现场技术要求设置完毕报需要的测试状态。

③驾驶员应按照设备操作手册要求的测试速度范围驾驶测试车,宜在 50 ~ 80km/h 之间,避免急加速和急减速,急弯路段应放慢车速,沿正常行车轨迹驶入测试路段。

④进入测试路段后,测试人员启动系统的采集和记录程序,在测试过程中必须及时准确地将测试路段的起终点和其他需要特殊标记的位置输入测试数据记录中。

⑤当测试车辆驶出测试路段后,测试人员停止数据采集和记录,并恢复仪器各部分至初始状态。

⑥检查测试数据文件,文件应完整,内容应正常,否则需要重新测试。

⑦关闭测试系统电源,结束测试。

4. 计算

激光平整度仪采集的数据是路面相对高程值,应以100m为计算区间用IRI的标准计算程序计算IRI值,以m/km计。

5. 报告

平整度测试报告应包括以下内容:

(1)国际平整度指数IRI的平均值。

(2)提供激光平整仪测定值与国际平整度指数IRI在选定测试条件下的相关关系式和相关系数。

二、车载式激光平整度仪测值与国际平整度指数IRI相关关系的对比试验

1. 试验条件

(1)按照每段IRI值变化幅度不小于1.0的范围选择不少于4段不同平整度水平的路段,且有足够加速或减速长度的路段。根据实际测试道路IRI的分布情况,可以适当增加某些范围内的标定路段。

(2)每路段长度不小于300m。

(3)每一段内的平整度应均匀,包括路段前50m的引道。

(4)选择坡度变化较小的直线路段,路段交通量小,便于疏导。

(5)有多个激光测头的系统需要分别标定。

(6)标定宜在车道的正常行驶轮迹上进行,明确画出轮迹带测线和起终点位置。

2. 试验步骤

(1)距离标定。

①依据设备供应商建议的长度,选择坡度变化较小和平坦直线段,标出起终点和行驶轨迹。

②标定开始之前应让测试车以测试速度行驶5~10km,按照设备操作手册规定的预热时间对测试系统进行预热。

③将测试车的前轮对准起点线,启动距离校准程序,然后令车辆沿着路段轨迹直线行驶,避免突然加速或减速,接近终点时,看指挥员的手势减速停车,确保测试车的前轮对准终点线,结束距离校准程序。重复此过程,确保距离传感器测试结果的准确性,应在允许范围内。

(2)令所标定的纵断面高程传感器对准测线5次,取其IRI计算值的平均值作为该路段的测试值。

(3)IRI值的确定。

①以精密水准仪作为标准仪具,测量标定路段上测线的纵断面高程,要求采样间隔为250mm,高程测试精度为0.5mm;然后用IRI标准计算程序对纵断面测量值进行模型计算,得到标定线路的IRI。

②其他符合世界银行一类平整度测试标准的纵断面测试仪也可以作为确定标定路段IRI值的仪具。

3. 试验数据

用数理统计的方法将各标定路段的 IRI 值和相应的平整度仪测定值进行回归分析，建立相关关系方程，相关系数 R 不得小于 0.99。

4. 与车载式激光平整度仪测值的关系

用车载激光平整度测试车和连续式平整度仪（简称八轮仪）同时测定路面的平整度，每 100m 输出一个结果。采用样本统计均方差分析，使用 $\pm 1\sigma$ 来舍弃异常值。DYNATEST 5051 RSP 激光平整度测试车和 XLPY-E 型连续式平整度仪检测结果见表 5-3。

不同测定平整度检测值　　表 5-3

八轮仪 σ	RSP 测试车 IRI	八轮仪 σ	RSP 测试车 IRI
0.5	0.75	0.58	0.87
0.53	0.80	0.64	0.96
0.83	1.12	0.66	0.96
0.67	0.97	0.57	0.88
0.92	1.20	0.73	0.97
0.75	1.07	0.51	0.75
0.73	1.04	0.53	0.83
0.6	0.92	0.49	0.72
0.5	0.80	0.48	0.80
0.66	0.96	0.67	0.97
0.53	0.85		

对表 5-3 中的实测数据进行线性、抛物线、指数曲线、幂指数曲线回归分析，相关性较好的曲线为直线，其拟合曲线图见图 5-7，相关公式见式（5-18）。

$$\mathrm{IRI} = 1.0319\sigma + 0.2711 \qquad (R^2 = 0.9499) \tag{5-18}$$

5. 三米直尺平均最大间隙 R 与车载式激光平整度仪测值的关系

三米直尺平均最大间隙 R 和车载式激光平整度仪测值的国际平整度指数的相关关系参见图 5-8。经回归分析，其结果关系式为：

$$\mathrm{IRI} = 0.7962R + 0.0927 \qquad (R^2 = 0.9797) \tag{5-19}$$

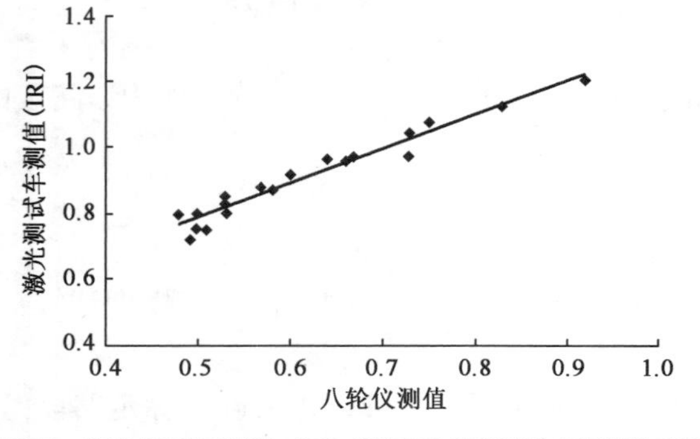

图 5-7　连续式平整度仪与车载式激光平整度测试车测值关系图

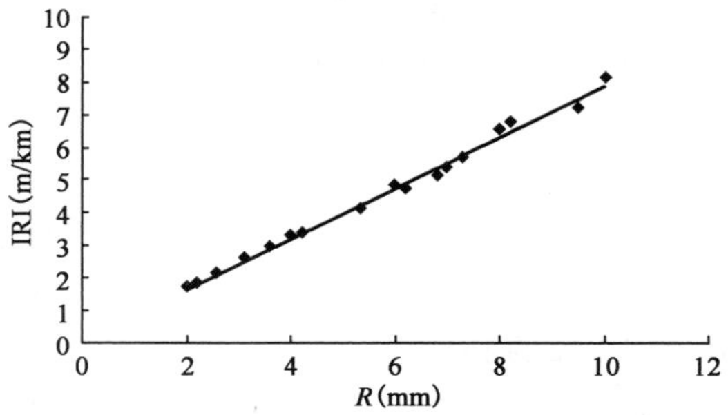

图 5-8　三米直尺平均最大间隙 R 和 IRI 的关系

思考题与习题

1. 国际平整度指数 IRI 是如何定义的?
2. 现有的道面平整度测试方法可以分为几类? 各类方法有何特点?
3. 连续式平整度仪法测试得到的数值如何与国际平整度指数 IRI 建立起关系?
4. 车载式颠簸累积仪法测试的主要特点是什么?
5. 车载式激光平整度仪测试的主要特点是什么?
6. 国际平整度指数 IRI 与三米直尺测出的最大间隙可以建立什么样的数学关系?

第六章　温度测量技术

机场道面结构处于自然环境中，随着周围环境温度的变化，道面结构内部也相应地产生不同的变化，引起道面结构的变形，并会产生温度应力。此外，飞机的喷气流产生的高温也会对道面产生作用。测定道面的温度是道面结构研究中的一项重要内容。目前，机场道面内部温度测量通常采用金属热电阻式温度传感器；飞机的喷气流的温度测定可以采用红外测温技术。

第一节　电阻温度计及其特性

一、热敏电阻材料与温度关系

物体的电阻一般随温度而变化，通常用电阻温度系数来描述这一特性。它的定义是：在某一温度间隔内，当温度变化1K时，电阻值的相对变化量，常用α表示，量纲为K^{-1}。根据定义，α可用下式表示：

$$\alpha = \frac{R_t - R_{t0}}{R_{t0}(t - t_0)} = \frac{1}{R_{t0}} \cdot \frac{\Delta R}{\Delta t} \tag{6-1}$$

式中：R_t、R_{t0}——热电阻在t℃和t_0℃时的电阻值；

α——热电阻的电阻温度系数，1/K（或1/℃）。

由式（6-1）看出，式中α是在t℃和t_0℃温度范围内的平均电阻温度系数。如令$t = 100$℃，$t_0 = 0$℃，代入式（6-1）中，则变为：

$$\alpha = \frac{R_{100} - R_0}{100R_0} \tag{6-2}$$

式中：R_{100}、R_0——热电阻在100℃和0℃时的电阻值。

对于绝大多数金属导体而言，α不是一个常数，而是温度的函数。但在一定范围内，α可近似地看作一个常数。不同的金属导体，α保持常数所对应的温度范围不同，制作热电阻的材料应满足如下要求：

（1）材料的电阻温度系数α要大。α越大，热电阻的灵敏度越高。纯金属的α比合金的高，所以一般采用纯金属做热电阻元件。

（2）在测量范围内，材料的物理、化学性质应稳定。

（3）在测量范围内，α保持常数，便于实现温度表的线性刻度特性。

（4）具有比较大的电阻率，以利于减少热电阻的体积，从而减小热惯性。

（5）特性复现性好，容易复制。

常用制作热电阻的金属有铂、铜、铁、镍,其物理特性见表6-1。

常用金属材料物理特性 表6-1

名　称	铂	铜	镍	铁	铁—镍	钨	银
化学符号	Pt	Cu	Ni	Fe		W	Ag
对铂热电动势(100,0)		+0.75mV	-1.49~1.54mV	+1.87mV		+0.79mV	+0.72mV
使用温度(℃)	-200~650	-200~150	-60~300	0~150	0~600	2000	600
熔点(℃)	172	1084.5	1455	1400		3387	961.93
密度(g/cm^3)	21.32	8.9	8.75	7.8	8.47	8.6	10.5
电阻率($10^{-3}\Omega \cdot cm$)	0.098~0.106	0.017	0.118~0.138	0.10		0.29	0.0147~0.016
电阻温度系数($℃^{-1}$)	3.98×10^{-3}	4.28×10^{-3}	6.6×10^{-3}	$4\sim6\times10^{-3}$	5×10^{-3}	2.4×10^{-3}	4.1×10^{-3}
比热容(4.18kJ/kg·℃)	0.032	0.0936	0.108	0.12		0.0338	0.057

金属导体的电阻一般随温度的升高而增加,这类导体的 α 为正值,称为正的电阻温度系数。而半导体材料则相反,具有负的电阻温度系数,即 α 为负值。

二、金属导体的电阻比

为了表征热电阻材料的纯度及某些内在特性,需要引入电阻比 W_t 的概念。

$$W_t = \frac{R_t}{R_{t0}} \tag{6-3}$$

若令 $t_0 = 0℃$,$t = 100℃$,则式(6-3)变为:

$$W_{100} = \frac{R_{100}}{R_0} \tag{6-4}$$

由式(6-2)可知:

$$R_{100} = R_0(1 + 100\alpha_0^{100}) \tag{6-5}$$

在无特殊说明的情况下,通常用 α 代替 α_0^{100}。

$$R_{100} = R_0(1 + 100\alpha) \tag{6-6}$$

将式(6-6)代入式(6-4)中,则

$$W_{100} = \frac{R_0(1 + 100\alpha)}{R_0} = 1 + 100\alpha \tag{6-7}$$

由此可见,对某种特定材料而言,W_{100}也是表征热电阻特性的基本参数。它与 α 一样,与材料统一计划有关。W_{100}越大,电阻丝的纯度越高。

三、原理

当温度变化时,感温元件的电阻值随温度变化,并将变化的电阻值作为电信号输入显示仪表。通过测量回路的转换，在仪表上显示出温度的变化值，这就是电阻测温的工作原理。这种电阻随温度变化的特性，可用如下三种方法表示。

(1)作图法

用画曲线的方法将热电阻的分度特性在坐标纸上表示出来。常用热电阻材料的电阻与温度的关系曲线见图6-1。

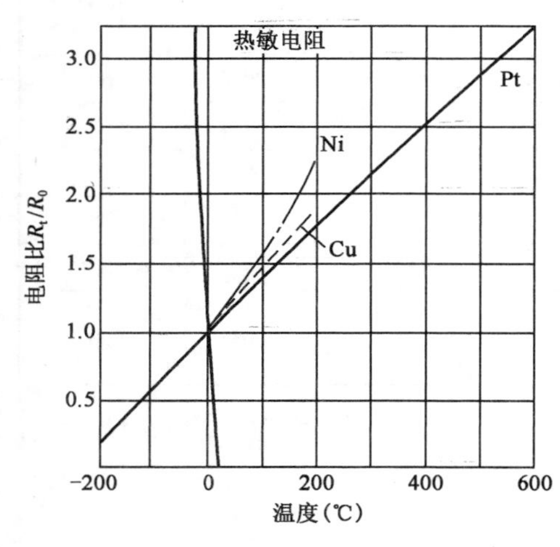

图6-1　常用热电阻材料的电阻与温度关系

(2)数学表示法

用数学公式描述电阻材料的电阻与温度的关系。

(3)列表法

用表格的形式表示热电阻的分度特性，即电阻—温度对照表，通常称为“分度表”。国产铂热电阻和铜热电阻是统一设计定型产品，均有相应的分度表。凡分度表号相同的铂热电阻和铜热电阻均符合相应的分度规定。

分度表在实际工作中非常重要，其作用是：①通常用热电阻测温时得到的是电阻值，要根据其数值的大小在相应的分度表上才能查出温度值；②同热电阻配套使用的显示仪表的分度及线路的设计等皆以分度表为依据。

1. 铂热电阻

铂的物理、化学性能稳定，是目前制造热电阻的较好材料。铂热电阻主要作为标准电阻温度计，广泛地应用于温度的基准、标准的传递，它长时间稳定的复现性可达10^{-4}K，是目前测温复现性最好的一种温度计。

铂的纯度通常用$W(100)$来表示，即

$$W(100)=\frac{R_{100}}{R_0} \tag{6-8}$$

式中：R_{100}——水沸点(100℃)时的电阻值；

R_0——水冰点(0℃)时的电阻值。

$W(100)$越高表示铂丝纯度越高。国际实用温标规定，作为基准器的铂电阻，其比值$W(100)$不得小于1.3925。目前技术水平已达到$W(100)=1.3930$，与之相应的铂纯度为99.9995%，工业用铂热电阻的纯度$W(100)$为1.387～1.3930。

铂丝的电阻与温度之间的关系，在0～630.755℃范围内为：

$$R_T=R_0[1+AT+BT^2] \tag{6-9}$$

在－190～0℃范围内为：

$$R_T=R_0[1+AT+BT^2+C(T-100)T^3)] \tag{6-10}$$

式中：R_T、R_0——热电阻在T℃和0℃时的电阻值；

A、B、C——常数。

对 $W(100)=1.391$ 时，$A=3.96847\times10^{-3}/℃$，$B=-5.847\times10^{-7}/℃^2$，$C=-4.22\times10^{-12}/℃^4$；

对 $W(100)=1.389$ 时，$A=3.94851\times10^{-3}/℃$，$B=-5.851\times10^{-7}/℃^2$，$C=-4.04\times10^{-12}/℃^4$。

我国标准化铂热电阻特性见表 6-2，其中，B_1、B_2 已趋淘汰。

铂热电阻技术特性表　　表 6-2

分度号	R_0(Ω)	R_{100}/R_0	精度等级	R_0 允许误差(%)	最大允许误差(℃)
B_1	46.00	1.389±0.001	Ⅱ	±0.1	对于Ⅰ级精度 −200～0 $\pm(0.15+4.5\times10^{-3}T)$ 0～500 $0\pm(0.15+3\times10^{-3}T)$ 对于Ⅱ级精度 −200～0 $\pm(0.3+6.0\times10^{-3}T)$ 0～500 $0\pm(0.3+4.5\times10^{-3}T)$
B_2	100.00	1.389±0.001	Ⅱ	±0.1	
B_{A1} (Pt50)	46.00 (50.00)	1.391±0.0007	Ⅰ	±0.05	
		1.391±0.001	Ⅱ	±0.1	
B_{A2} (Pt100)	100.00	1.391±0.0007	Ⅰ	±0.05	
		1.391±0.001	Ⅱ	±0.1	
B_{A3} (Pt300)	300.00	1.391±0.001	Ⅱ	±0.1	

铂热电阻一般由直径为 0.05～0.07mm 的铂丝绕在片形云母骨架上，铂丝的引线采用银引线，用双孔瓷绝缘套管绝缘，见图 6-2。

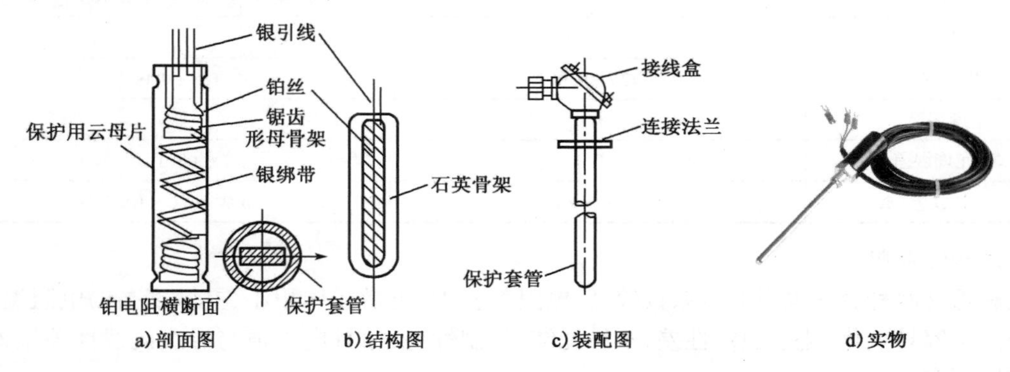

图 6-2　铂热电阻的构造

2. 铜热电阻

铜丝可用来制造 −50～150℃ 范围内的工业用电阻温度计。在此温度范围内线性关系好，灵敏度比铂电阻高[$\alpha=(4.25\sim4.28)\times10^{-3}/℃$]，容易得到高纯度材料，复制性能好。但铜易于氧化，一般只用于 150℃ 以下的低温测量和没有水分及无侵蚀介质中的温度测量。

通常利用二项式计算此时的铜电阻值为：

$$R_T=R_0(1+\alpha T) \tag{6-11}$$

式中：R_T、R_0——温度为 T℃ 和 0℃ 时铜的电阻值；

α——初始温度为 0℃ 时热的温度系数(1/℃)。

由式(6-11)可知，铜电阻与温度的关系是线性的。R_0 为起始温度 0℃ 时的电阻值，且与 α 相对应。

假设已知从 T_0 到 T_k 温度区间的 α 为常数，则电阻与温度的关系可用直线 AB 表示，见图 6-3。

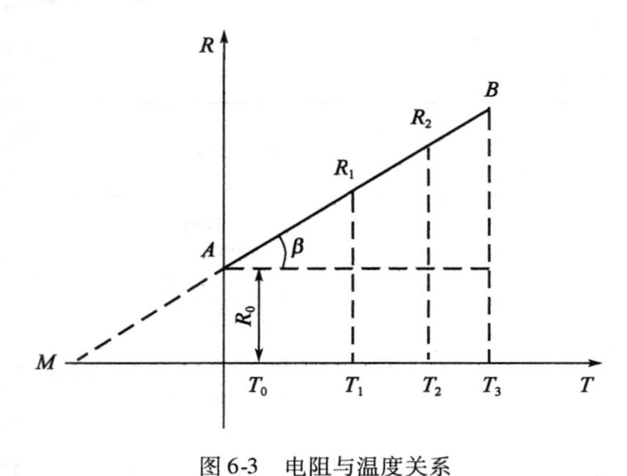

图 6-3　电阻与温度关系

在某一区间内，任意一点 T 的电阻值可以写成

$$R_T = R_0 + (T - T_0)\tan\beta \tag{6-12}$$

由式(6-11)和式(6-12)，可得：

$$\tan\beta = R_0\alpha$$

$$\alpha = \frac{\tan\beta}{R_0} \tag{6-13}$$

可见，α 不仅取决于热敏电阻材料曲线起始角度 β，而且与初始电阻值 R_0 有关，所以，在利用给出的 α 值时，要注意与它相应的温度。

目前，工业上使用的标准化铜热电阻有分度号为 G、Cu50 和 Cu100 三种，它们的技术特性见表 6-3。

铜热电阻的技术特性　　表 6-3

分度号	G	Cu50	Cu100
R_0	53	50	100
R_{100}/R_0	1.425 ±0.001		1.425 ±0.002
精度等级	Ⅱ		Ⅲ
R_0 允许误差	±0.1		±0.1
最大允许误差(%)	$\pm(0.3\times3.5\times10^{-3}T)$		$\pm(0.3\times6.0\times10^{-3}T)$

3. 铁和镍电阻

铁和镍这两种金属电阻温度系数较高，电阻率较大，可做成体积小、灵敏度高的电阻温度计。缺点是容易氧化、化学稳定性差、不易提纯、复制性差，而且电阻值与温度的线性关系差，目前应用不多。

铁和镍热电阻的结构比较简单，一般由电阻丝绕在云母、石英、陶瓷等绝缘骨架上，经过固定，外加保护套管构成。铁和镍热电阻的绝缘骨架性能好坏，将影响其测量精度、体积大小和使用寿命，因此，铁和镍热电阻的绝缘骨架应达到如下要求：①电绝缘性能好；②在低温下有足够的机械强度，在高温下有足够的刚度；③体积膨胀系数小，在温度变化后不对热电阻丝造成压力；④不对电阻丝产生化学作用。

第二节　热电阻的选择

一、选择原则

为了测量某物体的温度，必须考虑下列问题：①测温目的；②测温范围；③测温精度；④测温环境；⑤测温成本。在选择时除了考虑上述五点外，还应注意图 6-4 所列的选择标准。

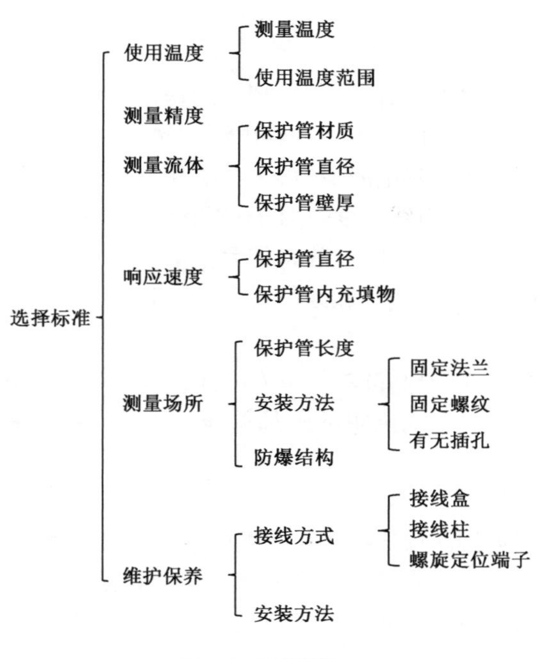

图 6-4　选择标准

二、测量精度的选择

应明确测量要求的精度，不要盲目追求高精度，因为精度越高，价格越贵，而且又给测量增加一些限制条件和不必要的麻烦。最好选择满足测量要求、精度适宜的热电阻。

三、保护管的选择

首先应依据文献、资料，选择耐流体的材料与形状；其次最好是选择在实际应用中已见成效的材料。在500℃以下一般采用金属保护管。影响保护管的因素见图 6-5。

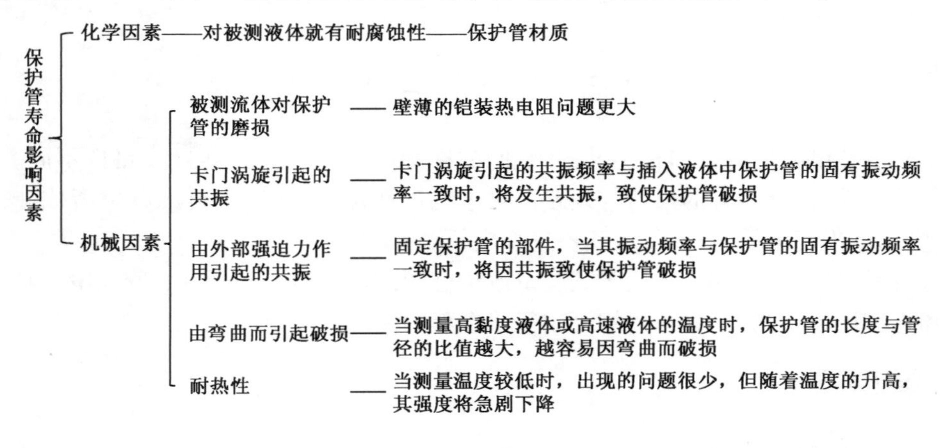

图 6-5　保护管寿命影响因素

四、内引线形式

内引线是热电阻出厂时自身具备的引线,其功能是使感温元件能与外总测量及控制装置相连接。内引线通常位于保护管内。因保护管内温度梯度大,作为内引线要选用纯度高、不产生热电动势的材料。对于工业铂热电阻而言,中低温用银丝作引线,高温用镍丝。这样,即可降低成本,又能提高感温元件的引线强度。对于铜和镍热电阻的内引线,一般都用丝。为了减少引线电阻的影响,其直径往往比电阻丝的直径大很多。

热电阻的内引线有两线制、三线制和四线制。

1. 两线制

在热电阻元件的两端各连一根导线[图 6-6a)]的引线形式为两线制。这种两线制热电阻配线简单,计装费用低,但要带引线电阻的附加误差。因此,为不适用于 A 级,并且在使用时引线及导线都不宜过长。

2. 三线制

在热电阻元件的一端连接两根导线,另一端连接一根导线[图 6-6b)],此种引线形式为三线制。它可以消除内引线电阻的影响,测量精度高于两线制。作为过程检测元件,其应用最广。在架设铜导线途中温度易发生变化。其适用于对两线制热电阻无法进行修正的场合。

3. 四线制

在热电阻元件的两端连接两根导线[图 6-6c)]。在高精度测量时,要采用四线制。此种引线方式不仅可以消除内引线电阻的影响,而且在连接导线阻值相同时,还可以消除该电阻的影响。

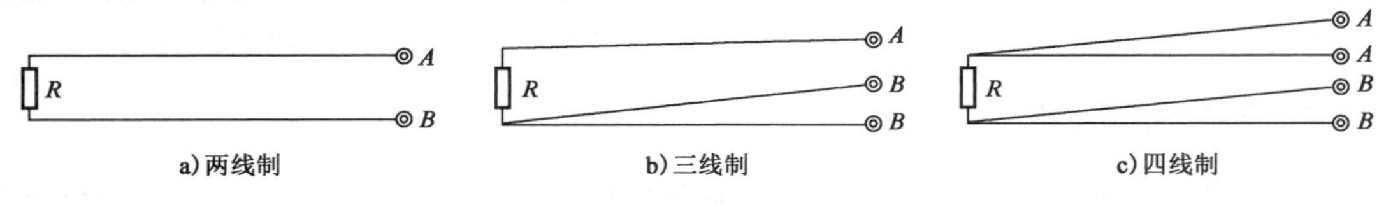

图 6-6　感温元件的引线形式

◎-接线端子;R-感温元件;A、B-接线端子的标号

第三节　测 量 电 路

用于测量热电阻值的仪器种类繁多,它们的准确度、测量速度、连接线路也不同。可依据测量对象的要求,选择适宜的仪器与线路。对于精度测量,常选用电桥或电位斋戒计;对于工程测温,多用于平衡电桥、数字仪表或不平衡电桥。

用电桥测量电阻的方法,适用于试验室或精密测试。常用的电桥有史密斯电米勒电桥、双臂电桥和直流比较式测温电桥等,均可用于热电阻的测量。

一、单电桥法

1. 两线制电阻的测量线路

电桥测量电阻的基本线路见图 6-7。调节可变电阻,当检流计中无电流通过时,电桥达到

平衡。依据电桥平衡原理,可得

$$\left.\begin{aligned} R_1R_3 &= R_2(R_T + R_L) \\ R_3 &= R_2 \\ R_1 &= R_T + R_L \end{aligned}\right\} \tag{6-14}$$

因此,可直接由电桥盘上读出 R_1 的数值,并确定 $R_T + R_L$ 的值。由此可见,对于两线制热电阻,只有当 R_L 很小或 R_T 很大时,R_T 才能近似等于 R_1,否则将会带来较大误差。当增大 R_T 时,必然要使感温元件体积变大,致使它的惰性大而难以满足要求。另外,R_L 并非定值,它随环境温度变化而变化,使测量结果增加变化误差。

为了消除连接导线 R_L 的影响,在测量线路上下功夫,即用三根铜导线与两线制电阻的内引线相连接(图 6-8),调节 R_1 使电桥平衡,则

$$(R_1 + R_W)R_3 = (R_T + R'_L + R_W)R_2$$
$$R_3 = R_2$$
$$R_1 = R_T + R'_L \tag{6-15}$$

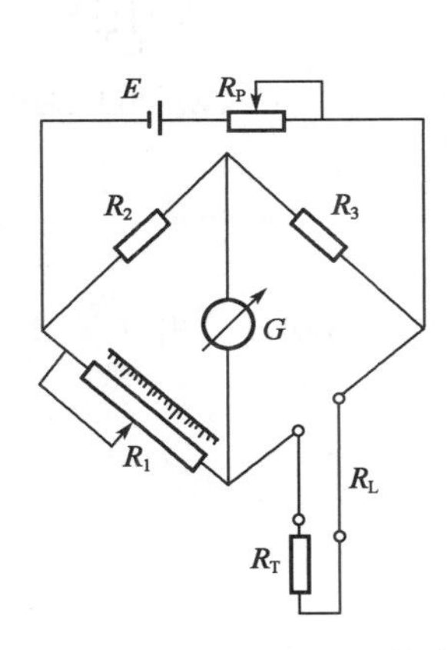

图 6-7　两线制热电阻测量线路

R_1-可变电阻;R_T-热电阻的电阻;R_L-连接导线电阻;G-检流计;E-电池;R_2、R_3-锰铜电阻,$R_2 = R_3$;R_P-滑线电阻

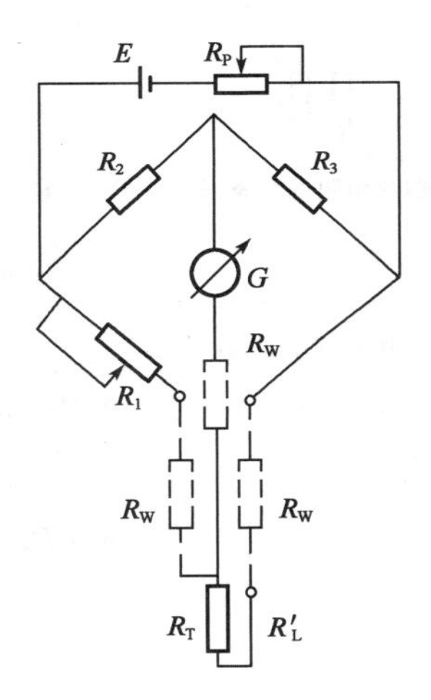

图 6-8　为消除外电线电阻影响的测量线路

G-检流计;E-电池;R_T-热电阻的电阻;R'_L-内引线电阻;R_W-外连接导线电阻;R_1-可变电阻;R_2、R_3-锰铜电阻,$R_2 = R_3$;R_P-滑线电阻

由上述分析可知,对两线制电阻采用三根导线连接的电桥测量线路。当连接导线的电阻相等时,可以消除外连接导线的影响,但无法消除内引线电阻 R'_L 的影响。

2. 三线制热电阻的测量线路

具有三根内引线的热电阻称为三线制热电阻,其测量线路见图 6-9a)。当电桥平衡时

$$R_3(R_1 + R_A) = R_2(R_T + R_B) \tag{6-16}$$

由于

$$R_3 = R_2$$

则

$$R_1 + R_A = R_T + R_B \tag{6-17}$$

由于

$$R_A = R_B$$

则

$$R_1 = R_T \tag{6-18}$$

如果 $R_A \neq R_B$,则 $R_1 \neq R_T$,将引入测量误差。因此,$R_A = R_B$ 是三线制热电阻消除内引线及连接导线电阻影响的前提条件。

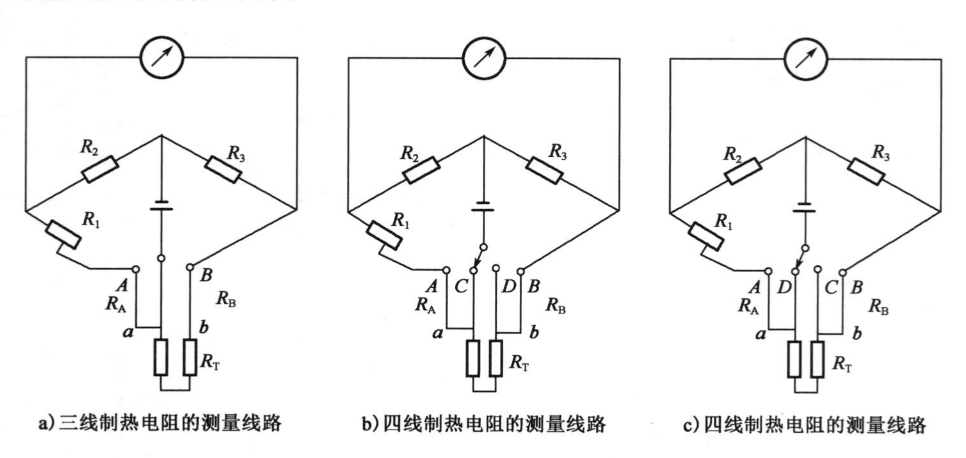

图 6-9　电桥测量电阻的线路

3. 四线制热电阻的测量线路

标准铂电阻温度计通常有四根内引线。其测量线路见图 6-9b)。当开关处于 C 位置,电桥达到平衡,此时

$$R_2(R_T + R_B) = R_3(R_1 + R_A) \tag{6-19}$$

因

$$R_3 = R_2$$

故

$$R_T + R_B = R_1 + R_A \tag{6-20}$$

再将开关打到 D,则变成图 6-9c)。当电阻 R_1 变成 R'_1 时,电桥达到平衡。

$$R_2(R_T + R_A) = R_3(R'_1 + R_B) \tag{6-21}$$

因

$$R_3 = R_2$$

故

$$R_T + R_A = R'_1 + R_B \tag{6-22}$$

如将式(6-20)代入式(6-22)中,经整理后得

$$R_T = \frac{R_1 + R'_1}{2} \tag{6-23}$$

由式(6-20)可以看出,四线制电阻可以完全消除内引线及连接导线电阻引起的误差,而

且,因开关由 C 倒向 D,改变电流方向,还可以消除测量过程中的寄生电动势。但这种四线制电阻的测量方法较麻烦,一般用于准确度要求高的场合。并且用电桥测量时,需要不断改变 R_1 的大小,以使通过检流计的电流为零,测量工作靠手动而且不连续。因此,这种方法不适用于工业热电阻。

二、双电桥法

史密斯Ⅲ型电桥与双臂电桥均为双电桥,主要区别是电源接线端与检流计接线端相互调换位置。图 6-10 为国产 QJ18 测温电桥,与史密斯Ⅲ型电桥结构相似。

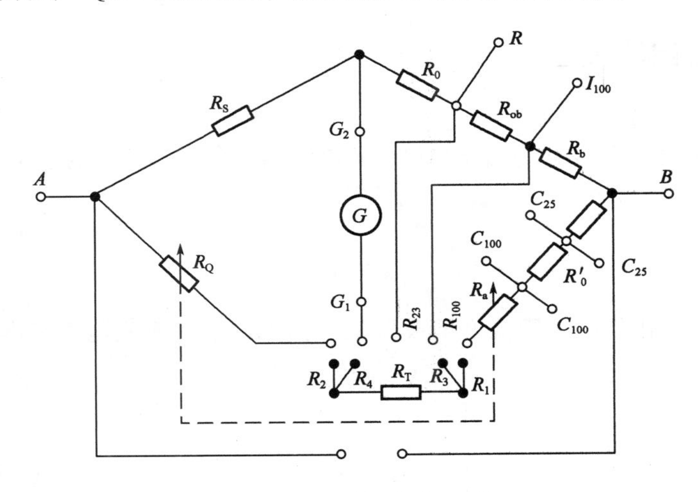

图 6-10　QJ18 测温电桥原理图

电阻测量的计算式为:

$$R_T \approx \frac{R_Q}{R_S}R_0 + \frac{R_0}{R_S}(R_2 - R_3) \tag{6-24}$$

式中:R_T——被测电阻值(Ω);

R_S、R_0——桥臂固定电阻值(Ω);

R_Q——桥臂可调电阻值(Ω);

R_2、R_3——引线电阻值(Ω)。

当测量时,R_2、R_3 引线可调换,二次测量平均值为:

$$R_T = \frac{R_Q}{R_S}R_0 \tag{6-25}$$

当 $|R_2 - R_3| = 0.01\Omega$ 时,对于 $R_T = 25\Omega$ 的铂电阻的相对误差为 4×10^{-6},约等于 1mK 的温度误差。

第四节　使用注意事项和测量误差

用热电阻测温的使用注意事项可以归纳为图 6-11 所示内容。

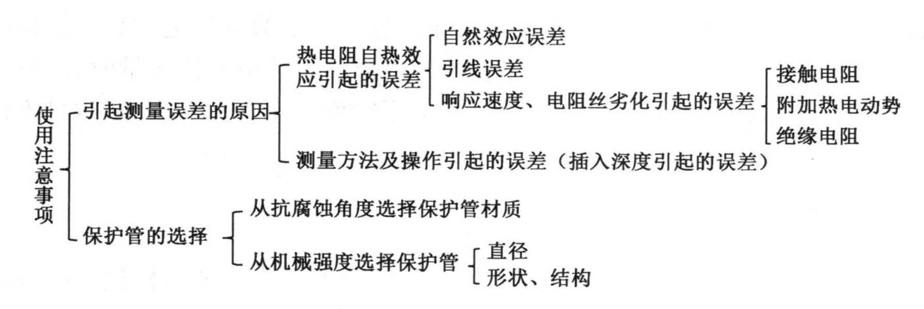

图 6-11　热电阻测温的使用注意事项

一、灵敏度与自然效应

1. 灵敏度

用热电阻测温，当温度变化为 Δt 时，致使热电阻两端变化 ΔE，它的电压灵敏度 S_c（V/℃）可用下式表示：

$$S_c = \frac{\Delta E}{\Delta t} \tag{6-26}$$

如果热电阻的电阻为 R，电阻温度系数为 α，通过的电流为 I，则电压变化为：

$$\Delta E = IR\alpha\Delta t \tag{6-27}$$

热电阻消除的电能为：

$$W_c = I^2R \tag{6-28}$$

将式(6-27)代入式(6-26)，得

$$S_c = IR\alpha \tag{6-29}$$

再将式(6-28)代入式(6-29)，经整理后，得

$$S_c = \alpha\sqrt{RW_c} \tag{6-30}$$

由式(6-30)可知，为了提高测量精度，选用电阻值大的热电阻，通过较大热电阻为好。

2. 自热效应

通过热电阻越大，其灵敏度及分辨率也越高，可是由自热效应引起的电能消耗 W_c 也越大，致使测温误差增大。对于电阻为 100Ω 元件，如果通过的电流分别为 10mA 和 2mA 时，消耗的电能分别为 10mW 和 0.4mW。由此可见，通过的电流不同，引起的自热效应误差的大小各异。测量电流与自热效应的关系见图 6-12。因此，在进行高精度测量时，必须注意电流的大小及测量仪表的灵敏度。

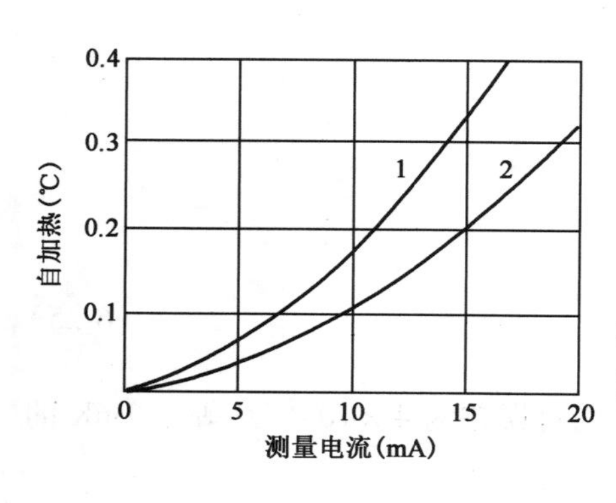

图 6-12　测量电流与自然效应误差的关系（在 0℃的搅拌水中）

1-保护管（ϕ10mm），管内无充填物；2-保护管（ϕ4.8mm），管内充填氧化铝

对热电阻施加电能时，由自热效应引起的温度升高为 K（℃/mW），消耗的电能为 W_c 时，由自热效应引起的

误差 Δt_c 可用下式计算：

$$\Delta t_c = KW_c = KI^2R \tag{6-31}$$

系数 K 取决于热电阻的结构（电阻丝直径、绕线密度、保护管直径、内部有无填充物及其种类等），并与环境有关。如以小型玻离骨架组件为例，在搅拌水中 K 为 0.007℃/mW，但在静止的空气中却为 0.28℃/mW，为搅拌水中的 40 倍；如以带保护管的热电阻为例，在搅拌水中 K 为 0.012℃/mW，在静止的空气中却为 0.033℃/mW。由引可见，自热效应与环境关系很大。

对于系数 K 可通过如下方法求得。在同一环境下，通过电流 I_1 时的电阻值为 R_1，改变电流达 I_2 时，则其电阻值 $R_2 = R_1 + \Delta R$。如果电阻温度系数为 α，则 K 可用下式近似计算：

$$K = \frac{\Delta R}{\alpha R_1^2 (I_2^2 - I_1^2)} \tag{6-32}$$

二、实际电阻值对 R_0 偏离的影响

1. 由 R_0 引入的误差

在制造热电阻的过程中，因受各种因素的影响，各厂生产的热电阻在 0℃时的实际电阻值 R_0 与分度表规定的标称值间有一定的偏差 ΔR_0。热电阻制成后，此种误差已基本固定，因而是一项系统误差。经检定确定后，可采用修正或补偿的方法加以消除。

2. 同分度表偏差

有的热电阻虽能标称电阻 R_0 的要求，但因电阻丝的材质、热电阻的结构及制造工艺的不同，使得同一分度号的热电阻的电阻—温度关系网线与分度表规定曲线有一定的偏离。由此偏离引起的测量误差，在不同的温度区间有不同的误差值，所以，在通常情况下难以消除。当测量的准确度较高时，可采用单支分度和校检的方法减少此项的误差。

三、连接导线与绝缘电阻的影响

1. 连接导线引起的误差

热电阻是通过测量电阻的变化来确定温度的，但在测量回路中有许多接线端子，对于多点温度计还有转换开关。这些接触电阻及热电动势将直接产生误差，对此必须引起注意。以 100Ω 热电阻为例，如有 0.04Ω 的接触电阻将产生 0.1% 的误差。

采用电桥法测量电阻引起误差的主要原因是：①由连接导线电阻与接触电阻产生的误差；②由附加热电动势引起的误差；③绝缘电阻误差。

2. 绝缘电阻引起的误差

热电阻精度下降的原因之一是绝缘电阻的劣化。所谓绝缘电阻，对于具有单支感温元件的热电阻来说，是指感温元件内引线组件与保护管间的电阻值。有多种因素可使绝缘电阻劣化。在高温下，使绝缘性能通过温度的升高而显著降低。例如，氧化铝陶瓷在室温下的绝缘电阻为 $10^{11}\Omega$，但在 500℃下则为 $10^6 \sim 10^7\Omega$。假定绝缘电阻与热电阻呈并联形式，那么在 500℃下并联电阻将产生 0.2℃误差。

四、连接导线温度变化的影响

对二线制热电阻，其导线电阻常因温度变化而产生误差。如果铜导线的电阻为 $2r$，铜的

电阻温度系数为 α'，则导线的温度从 t_1 变到 t_2 时所产生的误差可用下式计算：

$$\Delta t = (t_2 - t_1)\frac{2r\alpha'}{R\alpha} \tag{6-33}$$

当 $R = 100\Omega$，$r = 1\Omega$，$\alpha = \alpha'$ 时，如果导线温度变化 10℃，则产生 0.2℃误差。

为了消除此项误差，可采用三线制热电阻。但是，三根导线的电阻值应相等，这是减少此项误差的必要条件。另外，还应避免三根导线经不同的路径布线或处于不同的温度。

五、安装方法

由安装方法引起的误差主要有：插入深度误差和高速气流引起的误差。

1. 插入深度误差

插入深度不够，将受安装部位温度影响产生误差。误差的大小取决于测温条件及热电阻的结构，但不能规定统一的插入深度。如测量高温气体，为了消除插入深度引起的误差，热电阻的插入深度在减去感温元件的长度后，应为金属保护直径的 15～20 倍，非金属保护管直径的 10～15 倍。对热电偶而言，因其测量端为一点，故不必减去感温元件的长度。可是热电阻感温元件与保护管直径相比是较大的，故应减去这部分长度后再考虑插入尝试。将直径 $d = 4.8$mm 的铠装热电阻，插入 100℃的水蒸气中。由插入深度引起的误差见图 6-13。从图可知，当 $l/d > 14$ 时，可以消除热电阻由插入深度不同引起的误差。

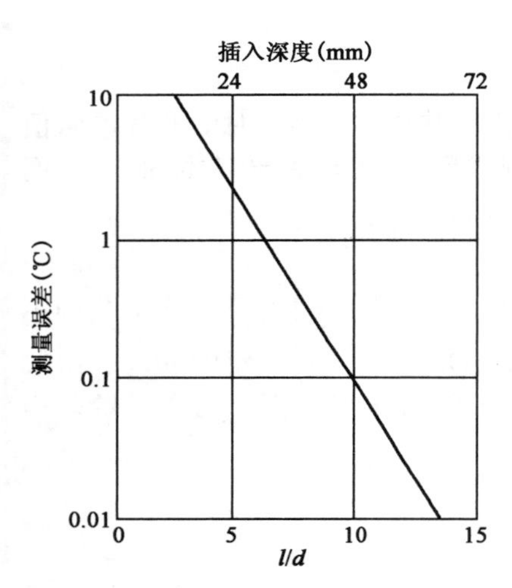

图 6-13　因铠装热电阻插入深度不同引起的误差

2. 高速气流引起的误差

当测量高速流动的气体温度时，由于气体的压缩、内摩擦生热，致使指示的温度值高于气体的真实温度，而引起误差。

六、产品型号的组成

对于热敏、热电阻及热电阻附属部件等，产品型号第一节的大写字母、代号及其所表示的意义，见表 6-4。举例见图 6-14。

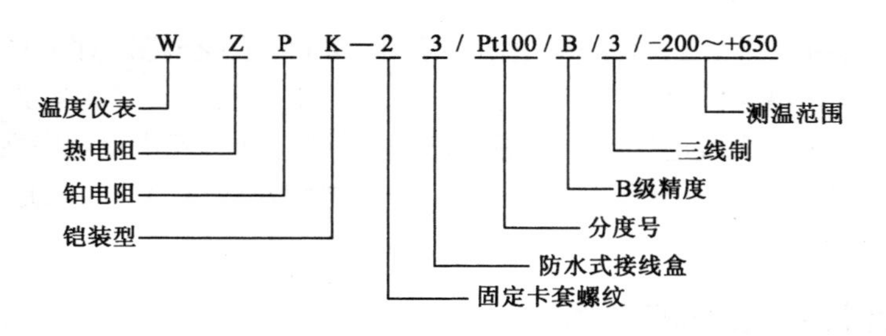

图 6-14　产品型号说明图

产品型号第一节代号及意义(JB/T 9236)　　表6-4

代号	名　称	备　注	代号	名　称	备　注
WM	热敏电阻温度计		B	标准热电阻	
WMC	热敏电阻		S	室温热电阻	
WMX	便携式热敏电阻温度计		M	表面热电阻	
WMZ	热敏电阻温度指示仪		K	铠装热电阻	
WMK	热敏电阻温度控制仪		T	专用或特种热电阻	
WZ	热电阻	产品需标注分度号	WPZ	热电阻附属部件	
WZP	铂热电阻	产品需标注分度号	WPZK	转换开关	
WZC	铜热电阻	产品需标注分度号	WPZX	接线盒	
WZN	镍热电阻	产品需标注分度号			

第五节　红外测温

一、红外测温的特点

红外测温是比较先进的测温方法,其主要特点如下:

(1)红外测温可实现远距离、非接触测温。它特别适合于高速运动物体、带电体、高压及高温物体的温度测量。

(2)红外测温反应速度快。它无需与被测物体达到热平衡,只要接收到目标的红外辐射即可测量目标的温度,测量时间一般为毫秒级甚至微秒级。

(3)红外测温灵敏度高。因为物体的辐射能与温度的四次方成正比,物体温度微小的变化,就会引起辐射能较明显变化。

(4)红外测温准确度高。由于是非接触测量,不会影响物体温度分布状况与运动状态,因此测出的测试温度比较真实,其测量精度可达0.1℃以内。

(5)红外测温范围广。可测摄氏零下十几度到零上几千度的温度范围。

二、红外测温原理

红外测温有好几种方法,这里介绍全辐射测温。全辐射测温是通过测量物体所辐射出来的全波段辐射能量来实现测量物体的温度,是以斯蒂芬—玻尔兹曼定律为测温基础。即

$$W = \varepsilon \delta T^4 \tag{6-34}$$

式中:W——物体的全波段辐射出射度,即单位面积所发射的辐射功率;

ε——物体表面的法向比辐射率;

δ——斯蒂芬—玻尔兹曼常数;

T——物体的绝对温度(K)。

一般物体的 ε 总是在0在与1之间,$\varepsilon = 1$ 的物体叫做黑体。式(6-34)表明,物体的温度越高,辐射功率就越大。只要知道了物体的温度和它的比辐射率,就可计算出它的辐射功率。反之,如果测量出物体的辐射功率,就可以确定物体的温度。

三、红外测温仪

红外测温仪一般用于探测目标的红外辐射并测定其辐射强度,以确定目标温度。结合不同波段的滤光片,红外测温仪就可在任意红外波段工作。

图6-15为目前常见红外测温仪的工作原理图。它的光学系统是一个固定焦距的投身系统,物镜一般为锗透镜,有效通光口径即作为系统的孔径光栏。滤光片一般用允许8~11μm红外辐射能通过的材料制成。红外探测器一般为(钽酸锂)热释电探测器,安装时保证其光敏面落在透镜的焦点上。步进电机带动调制盘转动对入射的红外辐射进行折光。将恒定或缓变的红外辐射变换为交变辐射,被测目标的红外辐射通过透镜聚焦在红外探测器上,红外探测器将红外辐射变换为电信号输出。

前置放大器(前放)有两个作用:一个是阻抗转换;另一个是对红外探测器输出的微弱信号进行放大。选频放大器(选放)只放大与调制辐射同频率的交流信号,抑制了其他频率的噪声。

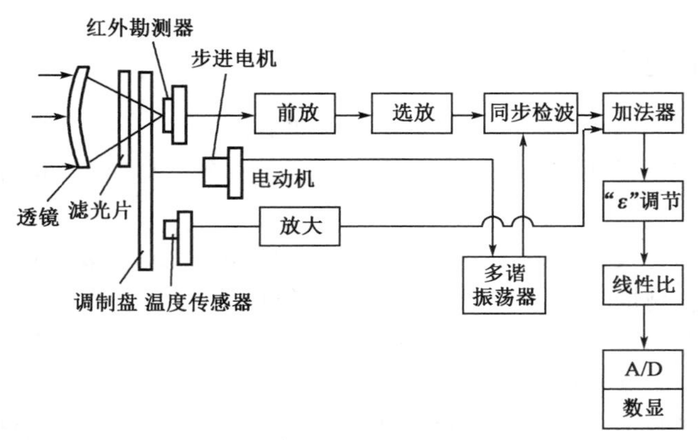

图6-15　红外测温工作原理图

同步检波电路比较复杂,它包括倒相器、全波同步检波器、采样保持电路、滤波器等。它的作用是将交流输入信号变换成峰—峰值的直流信号输出。

加法器的作用是将环境温度(变化)信号与测量信号相加,达到环境温度补偿的目的,因为经调制的交变辐射是目标与调制盘环境温度的差值。

发射率(ε)调节电路实质是一个放大电路。仪器出厂前都是用黑体($\varepsilon=1$)标定的。当被测目标为黑体($\varepsilon<1$)时,测量信号相对减少。该电路的作用是把相对减少部分恢复起来。

如前所述,物体的红外辐射与其温度不是线性关系。因此,测量信号与温度也不是线性关系,需要加入一个线性化电路。线性化电路为一开方电路,通过对数变换、作乘法、取反对数来实现。相乘的系数就是开方的方次,线性化后的测量信号与温度呈线性关系。

A/D变换器是将信号从模拟量变换成数字量,然后由数码管显示温度值。

多谐振荡器中包括一系列分频器,它输出一定时序的方波信号作为控制信号,驱动步进电机和同频检波器的开关电路。

图6-15中红外测温仪的光学系统为一般透射式,可以采用反射式光学系统。透射式光学系统的透镜是用红外光学材料制造的。根据红外波长选择光学材料。一般测量高温(700℃

以上)的仪器,有用波段主要在0.76~3μm的近红外区,可选用的光学材料有光学玻璃、石英等。测量中温(100~700℃)的仪器,有用波段主要在3~5μm的中红外区,常采用氟化镁、氧化镁等热压光学材料。测量低温(100℃以下)的仪器,有用波段主要在5~14μm的中远红外波段,常采用锗、硅、热压硫化锌等材料。一般要在镜片表面蒸镀红外增透层,一方面增大有用波段的透过率,另一方面起滤波的作用。反射式光学系统中多采用玻璃反射镜,表面镀金、铝、镍铬等在红外波段反射率很高的材料。

思考题与习题

1. 如何描述热敏电阻材料与温度的关系?
2. 论述电阻式温度计测试原理。
3. 热电阻选择的原则和方法是什么?
4. 单电桥法测量电路的特点是什么?
5. 双电桥法测量电路的特点是什么?
6. 引起电阻式温度计测量的误差有哪些?
7. 热敏、热电阻及热电阻附属部件如何用符号表示?
8. 热电阻的内引线的形式有哪几种? 各自有什么特点? 如何选用?
9. 红外测温原理是什么?
10. 红外测温仪的组成结构是什么?

参 考 文 献

[1] 翁兴中,崔树业. 机场道面荷载特性与结构分析方法[M]. 西安:陕西科学技术出版社,2014.

[2] Federal Aviation Administration. Use of Nondestructive Testing in the Evaluation of Airport Pavements(150/5370—11B)[R]. 2011.

[3] J. W. Hall, K. L. Smith, L. Titus-Glover. Guide for Pavement Friction[R]. Contractor's Final Report for NCHRP Project 01-43, 2009.

[4] 余定选,于龙,冷培义,翁兴中. 机场道面强度通报方法[M]. 北京:中国铁道出版社,1992.

[5] 蒋亚东,谢光忠. 敏感材料与传感器[M]. 成都:电子科技大学出版社,2008.

[6] 王魁汉. 温度测量实用技术[M]. 北京:机械工业出版社,2007.

[7] 翁兴中,陈卫星,殷民动. 机场规划建设与场道维修技术[M]. 西安:陕西科学技术出版社,2011.

[8] 中华人民共和国军用标准. GJB 1278A—2009 军用机场水泥混凝土道面设计规范[S]. 2009.

[9] 中华人民共和国军用标准. GJB 1112A—2004 军用机场场道工程施工及验收规范[S]. 2004.

[10] 中华人民共和国军用标准. GJB 5766—2006 军用机场沥青混凝土道面技术规范[S]. 2006.

[11] 中华人民共和国行业标准. MH/T 5004—2010 民用机场水泥混凝土道面设计规范[S]. 2010.

[12] Federal Aviation Administration. Airport Pavement Design and Evaluation (150/5320-6E)[R]. 2009.

[13] 中华人民共和国行业标准. JTG E60—2008 公路路基路面现场测试规程[S]. 北京:人民交通出版社,2008.

[14] 中华人民共和国行业标准. MH/T 5110—2015 民用机场道面现场测试规程[S]. 2015.

[15] 中华人民共和国行业标准. MH/T 5024—2009 民用机场道面评价管理技术规范[S]. 2009.

[16] 张如一,陆耀桢. 实验应力分析[M]. 北京:机械工业出版社,1981.

[17] 孙朝云. 现代道路交通测试技术[M]. 北京:人民交通出版社,2002.